松原 始
Hajime Matsubara

カラスは飼えるか

新潮社

脳内がカラスなもので

本書のタイトルは『カラスに飼えるか』であるが、別にカラスの飼い方を述べた本ではない。これは最初に、前書きでお断りしておく。もしカラスの飼い方を知りたかったのであれば、ここで本を閉じて本棚に戻して頂いて構わない。というか、そうすべきである。

この辺のメカニズムをぶっちゃけよう。「カラスの悪だくみ」というタイトルでウェブ上に連載していたものを単行本化するにあたり、ページビューなどがリサーチされたところ、「カラスは飼えるか」という回がダントツで人気だったのだ。そんなに飼いたい人がいるのか？とも思うが、営業的には読者を引きつけるタイトルをつけたいのは理解できる。本書も商業出版物である以上、資本主義社会の流儀に則った商品にならざるをえない。どれほど高潔なことを説こうが、人間はヒトという動物種であり、生物としての原理に則って生命活動を行っているのと同じである。

ただ、考えてみたら「野生動物を飼う」というのは結構、色々と考えさせられる問題なのだ。もちろん飼うことで理解できることもあるし、生きた動物を身近に見ることでわかることもあるから、一概に「絶対に飼ってはいけない」などと教条主義的なことは言わない。

だが、飼うためにはその動物のことをわかっていなくてはいけないのも当然のことだ。どこにいて、何を食べているのか、どういう行動をするのか、知っていなければ飼うことはできない。さらに言えば、動物と人間の関わり方をも、「飼う」というワードは問いかける。物理的に可能かどうかだけでなく、法的に、倫理的に、その動物を手元に置くことは許されるか？という点も問われざるを得ない。

また、カラスという身近な鳥の話題だ。これがペットショップで売っていそうな鳥なら、当然飼えるはずだ。逆に見たこともない鳥なら、飼える飼えない以前に頭に浮かばない。ところが、カラスはみんなが知っているのに、飼っていいのか、どうやって飼うのか、飼っている人はいるのか、今ひとつわからないのだろう。

となると、「カラスは飼えるか」というタイトルは、カラスという生き物と人間との関係性をも改めて考えてみるきっかけになるのでは？　動物を知るということ、動物を想うということ、その辺を広く含んだ言葉のような気もしなくはない。ならば、本書のタイトルにしてしまってもいい、かな？　いいよね？　いや、内容とタイトルの乖離《かいり》に対する、著者からのせめてもの言い訳なんですけれども。

さて、本書の内容は鳥類を主とする生き物についてだが、その話題は多岐にわたる。ただ、サルでもドードーでもニワトリでも、語っているうちになんとなくカラスの話にすり替わる傾向がある。私の脳内が基本的にカラスなせいである。そこも、ご勘弁願いたい。

この本を読んだ結果、読者諸賢に何か得るものがあるとしたら、まずは雑学的なネタであろう。カラス屋久島ニワトリ豚肉なんぞが束になったり輪になったりしているからだ。その結果、鳥の暮らしぶりがちょっとわかるとか、渡り鳥の旅の平穏を祈るとか、絶滅した動物たちに思いを馳せるとか、カラスを飼うなら覚悟がいると思うとか、そういったことがあれば、筆者としては大変喜ばしい。

いや、もちろん、何かお勉強しようなんて身構えることはない。内容は別に不真面目なものではないのだが、真面目なのと、青筋立てて目を吊り上げることは違う。お好きな章から目を通して、「へー、鳥ちょっと面白いじゃん」で十分である。それだけでも、本書は役目を果たしたと言える。

科学を支えてきたのはその「面白い」と感じる気持ち、人間の好奇心に他ならないからだ。ただ、その根底に、生きとし生けるものへの温かい視線もあるといいな、と思う次第である。

本書は、ウェブ「考える人」にて、２０１８年5月22日から２０１９年5月14日まで、「カラスの悪だくみ」と題して24回にわたって連載した原稿に、大幅な加筆修正を加えたものです。

画　祖敷大輔
装幀　新潮社装幀室

カラスは飼えるか*目次

カラスは飼えるか

1章　フィールド武者修行

夢見るサルレーダー

野外でカラスを研究するには、野外調査の作法というか方法論を学ばなければならない。だが、フィールドワークは本を読んでも身につかない。実地と実践が極めて重要である。ということで、まずは野外調査をこの身に叩き込まれた話から始めよう。

屋久島は、私が最初にフィールドワークというものを学んだところである。

1992年、大学の1回生の時だ。私の所属していた京都大学野生生物研究会に、当時、人類進化論研究室におられた高畑由起夫先生を通じて調査員募集の案内があった。屋久島での猿害実態調査、つまりヤクシマザルの調査である。

屋久島は鹿児島市から約130キロ、大隅《おおすみ》半島の先端から約60キロのところに浮かぶ。直径約30キロメートル、一周130キロメートルあまりの、概《おおむ》ね円形の島だ。隣の種子島が真っ平らなのとは対照的に、「海上アルプス」と呼ばれるほど山ばかりである。最高峰は宮之浦岳、標高1936メートル。この山は屋久島のみならず、九州の最高峰でもある。それどころか、九州で8位までの高さの山は全て、屋久島にある（国土地理院）。たくさんの山頂からなる大きな山地の、海上に突き出した部分が屋久島として見えている、という方が正しい。

鹿児島と奄美諸島の間に位置する屋久島は、気候帯から言えば亜熱帯に近い暖温帯だ。海岸付近にはアコウやガジュマルが生え、わずかだがマングローブもあり、野生化したバナナが見られ、冬でも気温は18度に達することがある。一方、山頂部は真冬になるとマイナス10度まで下がることもあり、降雪もごく普通にある。小さな島の中に、標高に応じて亜熱帯から寒帯までの気候が詰め込まれているのだ。

ヤクシマザルはニホンザルの亜種だが、やや小柄で、毛並みが粗くて長い。これは雨の多い島に適応して「蓑《みの》」を着たようになったのだろうと言われている。毛色もややオリーブ褐色がかっており、本州のニホンザルより暗色に見える。

屋久島はかつて、「人2万、鹿2万、猿2万」と言われた島だった。ヒトとニホンジカとニホンザルが同数暮らす島という意味だ。１９９２年当時の人口はもう少し少なく、1万5千程度と聞いた。そしてサルは……。

わからない。

そう、誰もわからないのである。そんな適当な、と思うかもしれないが、サルには戸籍も住民票もないのだ。数えようとしても数えられない。屋久島には京都大学霊長類研究所のフィールドステーションがあり、研究者らによるサルの研究が盛んだったが、それは海岸域のサルの個体群動態や行動に関する研究で、「島全体のサルの個体数を調査する」なんてとんでもない研究は誰もやってこなかった。一方、サルによる農作物への被害は深刻だ。特に果樹園が荒らされる。屋久島の主要な換金作物は柑橘《かんきつ》類（ポンカンとタンカン）で、これが荒らされることは、農家にとって死活問題だ。有害鳥獣駆除は行われているが、被害を出すサルの分布状況も密度もはっきりわかってはいなかった。日本有数のサルの研究拠点であり、最南端のニホンザルであり、かつ、農家とサルの戦いが続く島、それが屋久島だった。ついでに言えばこの時代はまだ屋久島の認知度は低く、友人に「屋久島に行く」と言ったら「何それ無人島？」などと言われる始末だった。この島がメジャーになるのはこのすぐ後、1993年12月に世界自然遺産に登録されてからである。

1980年代に龍谷大学の好廣眞一先生らがヤクシマザルの個体数を推定するため、「ブロック分割定点観察法」という手法を編み出し、実証してみたことがあった。これは調査地を500メートル四方のメッシュに区切り、そのメッシュの中央に定点を置いて、定点調査員が朝から夕方まで定点に座って、サルを音声および目視で探す、という方法だ。

すると、この方法はなかなか精度が高いとわかった。さらに、素人でも2日ほど練習すればかなり高い精度でサルを探せるようになる、というのがおもしろい。

そして1991年、鹿児島県が猿害実態の調査を鹿児島大に依頼。鹿児島大学農学部の萬田正治先生（当時）がこの調査を率いることになったが、萬田先生は畜産が専門でサルの研究者ではない。そこで日本各地の大学に協力を打診した結果、霊長類学のドリームチームと呼びたい調査隊が出来上がった。好廣先生をはじめ、ニホンザルやチンパンジーの研究で有名な高畑先生、ゴリラの山極寿一先生が3トップを張り、研究者や院生クラスがドカドカ投入されたのである。

そして、3年の調査期間で屋久島全域をカバーするため、大量の調査員も手配された。「素人でもできる」調査なのだから、入学したての学生でも構わない。その中に、京大野生生物研究会のメンバーもいた。そして、猿害実態調査2年目の1992年、大学に入ったばかりの私も、野研の先輩に誘われて、この調査に参加した。

サルなんて見たことなかったけど。

で、調査の実態はどんなものかというと、だ。

朝起きて、飯を食って、弁当と調査道具を持って、定点に行く。定点は道端のこともあれば、山の中の一点ということもある。それから夕方まで、一歩も動かず、ひたすら定点に座って、サルの声を探す。鳴いたらノートとデータシートに記録し、統括者と無線で交信して「ここでサルが鳴きました」と報告する。夕方になったら帰る。以上。サルを探して歩くとか、サルがいそうなところに向かって行くという項目は存在しない。それは統括者の仕事だ。統括者はパッと見てサルの性・年齢を識別し、サルを追って山を動き回っても生きて戻って来る能力を備えていないと務まらない。なぜ性・年齢かというと、それによって繁殖集団なのかオスだけの群れなのか、子供がどれくらい混じっているか（ということは今後サルが増えるのかそうでもないのか）といった情報が得られるからだ。

脱線になるが、第二次大戦中のドイツ空軍は連合軍の夜間爆撃を阻止するため、「ザーメ・ザウ」という戦術を編み出した。地上のレーダー網が爆撃機を捉え、これをもとに夜間戦闘機を誘導して迎撃ポイントに向かわせる、という方法だ。我々が屋久島でやっていたのは、まさにこれである。

つまり、定点調査員はサルに接触することを期待されていない。もちろん向こうが定点近くに来ることもあるし、目撃したらデータを取ることも要求されている。だが、我ら下っ端の第一の存在意義は「調査域に点在する生きたサルレーダー」であり、夜間戦闘機たる追跡担当者を誘導するための情報源としてである。

広域に情報を知るとは、こういうことなのだ。だが、「サルの調査」と聞いて、華々しくおサルさんを間近に見て調査する姿を思い浮かべていると、そのギャップに驚く。第一、やろうったって自分には何もできない、ということにも気づく。それでもデータが取れれば嬉しいが、その日のデータ全体が集積されて行く過程を見ていると、自分の確認したサルの声などというものが、どれほど小さな1コマ、情報の1ピースに過ぎないのかということも、よくわかる。

一方で、そのピースがなければ、調査は進まない。

1992年の前期後半のある日だ。もちろん私は定点にいた。その時の定点は、山肌から突き出した大きな岩の上で抜群に見通しがよく、音も通る場所だった。

その日は朝からずっと、麓《ふもと》の工事現場にサルの群れがいるという通信が聞こえて来ていた。地図で確かめると、私の定点からも聞こえない距離ではなさそうだ。確かに耳を澄ますと「ワー」「キャー」といったサルの叫び声が聞こえる。これをいちいちノートとデータシートに記録してゆく。

だが、しばらくして妙なことに気づいた。こちらはずっと音声を捉えているのに、トランシーバーの交信が止まっているのだ。サルが活動しているなら、班長や近隣の定点と連絡を取り合っているはずだ。それなのに、聞こえてくる通信は「サルは今どこですか」「わかりません」だけだ。

「こちら松原です、そちら、サルは鳴いていないんですか？」

「はい、この1時間あまり静かですどうぞ」

どういうことだ？　サルは今も鳴いている。キャーキャーいう声が微《かす》かに聞こえているのだ。だが……何かが違う。何か、それ以外にも聞こえる気がする。

目を閉じ、耳に手をあてて神経を集中させる。……聞こえる。何かがずっと聞こえている。微かな、音にもならないような空気の震動だ。だが自分はこれを知っている気がする。このリズムは……

運動会の音楽やんけ！
そう思って聞くと、確かに運動会だ。今聞こえたのは多分、「みなさん、◯◯を◯◯しましょう」みたいな放送だ。慌てて地図を出すと、1キロメートルあまり向こうに小学校のマークがある。なんてこった、サルの声だと思っていたのは、これだ。あっちゃー……これ、今朝からの俺のデータ、全部パアだよ。本当のサルの声も混じっていただろうが、子供の声と区別できないとデータにならない。

だが、そんなことで落ち込んではいられない。「レーダー」がひとつでもダウンすれば探知網に穴が空き、調査精度が下がる。たとえサルがいなくても耳を澄まして、「ちゃんと聞いてましたが、サルは鳴きませんでした」と胸を張って言えなければならない。もちろん「いない」ことを証明するのは極めて難しいが、ここで言っているのは「他と同様の精度および努力量で調査をしたけれども探知できないレベルであった」という意味だ。だが、サルがいないからとボンヤリしていたら、肝心の検出精度が大甘になってしまい、調査の意味がない。

というわけで、どんなに退屈しても寝るのは御法度《ごはっと》である。その場で軽い運動をし、小声で歌を歌い（大声はダメだ、サルを警戒させたら意味がないし、最悪、周辺の定点にまで聞こえて調査を攪乱《かくらん》する）、舌先で口の中をくすぐり（第一次大戦中、パイロットが眠気覚ましにやった方法だという）、あの手この手で眠気を払う。だが眠い。まだ15分しかたっていない……。

そして、ハッと目を覚まして、「しまった寝ている間にサルが来てたらどうしよう?」と不安に襲われる。

サルレーダーは時に、「いない」という事実を確認するためにだけ送り出され、睡魔と戦いながら延々と座り続け、「いませんでした」という情報を持って帰還する。そして「うん、そりゃいるわけないよな」と言われるのである。これほど冷徹な現実はない。

それでも、下っ端調査員は明日も定点に向かう。いつかサルに出会う日を夢見ながら。

こうやって身につけたフィールドワークだが、カラスの研究をしながらふと気づいたら、だいたい同じことをしていた。カラスを目視し、追跡し、ノートに書き、地図にプロットし、ルート上を歩いて探し、森の中に定点を置いてカラスの声を探し……。

どうやら、この身に刻み込まれた「ヤクザル調査隊」の7文字は、いまだに消すことができないようである。

サルは友達なのか？

『キャプテン翼』に「ボールはともだち」というセリフがあった。では、研究者にとって、研究対象である動物はどうだろう。そう、例えばおサルさんだ。「サルは友達なのか？」と聞かれたら、むしろこちらからお尋ねしたい。あなた、サルと向かい合ったことあります？歯を剝《む》いて威嚇《いかく》されたことは？全力で枝を揺すられたことは？逃げる準備はオーケー？と。

本気のサル、怖いぞ。

大学時代、私は屋久島のサル調査に首まで浸かっていた。屋久島も森も生物調査もキャンプも調査に来るおかしな連中も大好きだった。冷静に考えてサルは別に好きじゃないことに途中で気づいたけれども、それでも参加はしていた。

ある年、新入りの後輩たちを連れて、京都の嵐山に「サル調査事前実習」に行った。嵐山といえば観光地として有名だが（そして京都を舞台とした2時間ドラマにも、主人公の移動ルートを無視して必ず登場するが）、その賑わいから少し外れた岩田山には野猿公園（嵐山モンキーパークいわたやま）があり、ニホンザルを間近に観察できる。

さて、そこでサルの年齢性別の見分け方などを教えていたら、我々の前に小生意気なガキザルが現れた。年齢は3、4歳だろうか。そこで、よせばいいのに、後輩（人間）の一人が調子に乗った。

「フッ、生意気な奴め。人間の怖さを教えてやろう」

彼はそう宣言すると、仁王立ちになって腕を組み、サルを睨みつけた。つまり喧嘩を売ったのだ。売られたサルの方はじろりと彼を見上げるなり、頭の毛がピタッとなでつけられたようになり、耳が突き出した。体の方はボワッと膨らんだ。そして口角を引き、牙を剝き出すと、「ギギギギッ」と声を上げて、彼に向かって来た。途端、後輩はあり得ないことに「ごめんなさいごめんなさい！」と叫んで、私の後ろに隠れやがったのである。

クソガキはこっちに狙いを定め、私を威嚇した。ニホンザルの体重は大きな成獣でも10キロにもならない。ましてこいつはガキにすぎない。だが、あなたは「本気で自分を攻撃しようとする相手」に対峙《たいじ》したことがあるだろうか？

いかに体格差があると言っても、向こうは素早く飛びついて全力で噛み付くことができるのだ。人間は喧嘩相手に「全力で噛み付く」なんてことを、普通はやらない。

だが、ここは観光客も来る場所だ。サルに「人間なんてチョロい」と思わせてはならない。仕方ない、鬼になってやろう。私は目を見開き眦《まなじり》を決して歯を剝き出すと、そのサルを踏みつけ、引きちぎり、八つ裂きにして喰らうシーンをイメージしながら眼光をねじ込んだ。

これは、効いた。

ガキザルは怯えて目を見開くと、そのまま後ずさった。そしてサッと顔をそむけて、ヒィヒィと哀れっぽい声を上げながら逃げてしまった。

……いや、そこまで脅かすつもりは、なかったんだけどね？

そのしばらく後、私は屋久島の林道にいた。道の両側にサル、サル、サル、サル……。ニホンザルの群れがやって来て、私を取り巻いてしまったのだ。

取り巻かれているといっても、敵意を持っているわけではない。もちろん崇拝されているわけでもない。ニホンザルの群れが餌を採りながらゆっくり移動して来て、林道に突っ立っている見慣れない奴がいたにも関わらず、あまり気にせず採餌《さいじ》を続けることにしたらしい。この辺りはまず人間が来ることがないので、サルたちも人間に寛容だ。人里だと農作物を巡って敵対関係にあるので、人影を見ると逃げる。

サルの餌になる果実や若葉、新芽などは日当たりの良い場所に出ることが多く、道端や切り通しはそもそもサルにとって良い餌場だ。そして、こういう見通しの利くところにサルが出て来てくれるのは、調査者にとっても性・年齢・個体数を知るチャンスだ。うまくすれば道を渡るサルをフルカウント、つまり群れの全数を知ることもできる。私は偶然にも、絶好のチャンスに巡り合ったのである。もっとも、今回は林道を渡るのではなく、餌を採りながら動いているので、数えるのがちょっと難しい。

うろちょろするサル相手に、苦労しながら半分がた数え終わったときのことである。思った通り、草むらから子ザルが転《まろ》び出て来た。せいぜい1歳、親から離れてやっと歩き出した、といったところで、足取りがおぼつかない。その子が、こっちをじっと見た。

あ、ものすごく、嫌な予感。

しまった下がらなきゃ、と思った時は遅かった。子ザルは目の前に大きな人間がいるのに気づき、腰を抜かしてキィキィと悲鳴を上げた。途端、周囲のサルたちから一斉に声が上がった。それまでは静かに「クー」「フー」と鳴き合っていたサルが、騒然として大声を出し始めたのだ。まず、1頭のメスが走って来ると子ザルをはっしと抱きかかえ、こちらを睨みつけて口を開けた。その横に来た別のメスもこちらに向かって口を開けた。さらに2頭ばかり、毛を逆立てたメスが威嚇する。続いて若いオスが来て、「ガガガッ」と威嚇音を出した。やばい。下がろうとしたら後ろにもサルがいた。こいつもこっちを威嚇している。それを避けてバックすると、切り通しの崖に数頭のサルがいる。しかも、でかい。大柄なオスばかりだ。頭の毛を逆立て、目を釣り上げて（ただでさえ屋久島のニホンザルは釣り目気味だが）、牙を剝き出している。さっきの若オスとは比較にならない迫力で、「ゴ、ゴッゴッゴッゴッ！」と威嚇音を叩き付けて来た。離れたところからサルが数頭走って来る。道に覆い被さった木の枝が激しく揺れ始めた。木揺すりといって、樹上のサルが興奮して枝を揺らしているのである。わあ、四面楚歌。こういう映画見たことあるぞ。『ガントレット』だ。クリント・イーストウッドが大型バスで走り抜ける中、ものすごい量の銃弾が浴びせかけられるやつだ。

ニホンザルのメスは生まれた群れに生涯留まる（屋久島ではメスが移籍して群れが消滅する、という事態も観察されているが、特殊なケースである）。だから、群れの中には妹、姉、娘、母、祖母、叔母、従姉妹《いとこ》といった女系の血縁者がたくさんいる。この時も、恐らく真っ先に子ザルを助けに来たのが母親、それにくっついてこちらを威嚇して来たのは血縁のメスたちだったのだろう。そして、メスたちが怒りだせば、オスも黙ってはいない。こういう時に率先して群れを守るのがオスの仕事だ……というのは擬人的すぎる上に特定の時代や社会の観念を含みすぎた言い方だ。生物学的に言うなら、こういう時に闘争に加わらない「面倒見の悪い」オスはメスにモテないからである。生理学的に説明するなら、他者の悲鳴を聞いた時にこれを敏感に感じとり、かつ急激に興奮するような脳を持っているオスがモテる、と言ってもいい。そして進化学的に言えば、そのような脳の傾向が遺伝する場合、「集団の危機を放っておけず、助けるために喧嘩する」形質を持った個体は繁殖成功度が高い、つまり次世代にその遺伝子を残しやすい、ということになる。

それはともかく、この件は全くの濡れ衣である。私はあの子ザルに何もしていない。向こうが勝手に草むらから出て来て、勝手にこっちに驚いて泣いただけだ。一体私が何をしたと言うのだ。存在自体が罪だとでも言うのか。冷静に話聞けよ、お前ら。

いや、サルには話なんか通じない。体一つで、この20頭以上いる激高したサルをかわし、安全圏まで下がらなくてはいけない。一度離れてクールダウンさせれば大丈夫だ。追いかけて来て襲われる、なんてことはない。

だが、今は背中を向けてはならない。これは動物と対峙する時の鉄則である。背中を向けることは、「降参です、もう逃げます」というサインになる。

「やってやる」「でも怖い」という拮抗《きっこう》状態にある時、急激に均衡を崩すのは危険である。相手が背中を見せた瞬間、「でも怖い」が消え、「やってやる」だけが残る。アクセルとブレーキを同時に踏んでいたのに、急にブレーキを放したらどうなるか？

しかも、闘争中の動物はマトモではない。我が身を振り返ってみてもそう。大学時代に寮祭の余興の青空ボクシングで痛感した。あの時は止めに入ったレフェリーまでも危うくぶっ飛ばすところであった。

もちろん、全力で逃げるという手もある。動物だって勝てないと思えばそうする。だが、林道でサルと追いかけっこをして勝てるか？　いや、勝てない。だいたいこっちの行く先々にサルが待ち構えている。ならば、相手を牽制《けんせい》して危うい均衡状態を保ちつつ、抜け出すのが最善手だ。

目を見すぎないよう、といって目をそらして「負けました」アピールをしてしまわないよう、チラチラと胸元から顔あたりに視線をやり、毛の膨らませ加減や顔つきを見て怒り具合を判断し、それに合わせてこちらも威圧の程度を調整。足下まで来て威嚇する生意気な奴は本当に危険だから足を上げて軽く威嚇し返し、なるべくサルに背中を見せないよう後ずさりして、四方から威嚇されながら、群れの中を30メートルほど移動する。

相手を刺激せず、弱腰にならず、「手を出したら自分もやられる」と思わせながらも、恐怖のあまり反射的に攻撃して来るほど威嚇もせず……。そう、これは国際社会がしょっちゅうやっている、武力による均衡状態なのだ。私はなんとか体の大きさによる「抑止力」をちらつかせ、この危機を脱して、サルとのデタントを迎えたのだった。

野生動物とは彼らの流儀で生きている、独立国家のような存在だ。親しみをもつのはいい。だが、他種の動物相手に「わかり合える」という発想がそもそも、緊密で大きな社会を持った、しかも全てを擬人化して物語を付与しがちなヒトという生物の思い込みにすぎない可能性は、多々ある。

実際、どんなに動物が好きだろうが、それはこちらの事情にすぎないということは、事あるごとに思い知らされた。いくら人間が恋い焦がれようと、向こうは別にこっちのことを好きじゃないのだ。それどころか、見たら逃げようとする。この後、カラスを研究するにあたっても、必要なのは「わかり合う」ではなく、まずはお互いの身体感覚で相手との間合いを把握する、つまり「渡り合う」ことであった。

2章　カラスは食えるか

品種改良の歴史

さて、前章はサル相手の修行の話だった。だがカラスの研究に通じるとはいえ、サルの話ばかりしても仕方ない。カラスに向かう前に、もうちょっとマイルドに、身近な「とり」から始めるとしよう。

鳥類は世界に9000種ほどと言われている。最近、遺伝子に基づいて分類の見直しが進んでいるのでもう少し増えるかもしれないが、まあ人間が見て「これは別種だよね」と思う鳥は、それくらいいる。

そのうち、カラスは世界に40種ほどいる。これはもちろん、進化の結果である。では、様々な品種があるニワトリの場合は？

ニワトリは家禽《かきん》、つまり人が繁殖を管理して飼育し、利用している動物だ。同時に、目的に応じて様々な品種改良が行われてきた。イヌ、ネコ、ウシ、ウマなどの家畜と同様である。

イヌの祖先はオオカミ、ネコの祖先はリビアヤマネコ、ウシの祖先はオーロックス、ウマの祖先はモウコノウマだ（と言われていたが、最新の研究によるとモウコノウマは極めて古い時代に野生化した家畜であるらしく、ウマの原種となった野生動物はもう生き残っていない可能性が高い）。そして、ニワトリの祖先は東南アジアに今も暮らすヤケイ（野鶏）である。

ヤケイは4種が知られている。セキショクヤケイ、ハイイロヤケイ、アオエリヤケイ、セイロンヤケイだ。見た目に一番ニワトリっぽいのはセキショクヤケイで、跳ね上がってから垂れる尾羽《おばね》といい、首周りの赤っぽい羽といい、ニワトリそのものである。他のヤケイもニワトリの作出に関わったとする意見もあったが、現在は基本的にセキショクヤケイだけがニワトリの祖先だと考えられている。

ということで、ニワトリはただ1種。チャボもシャモもウコッケイも名古屋コーチンも、見た目が全然違えども、生物としては全部同じ種類である。同様に、斎藤工《たくみ》と私も、生物学的には同種である。

セキショクヤケイは東南アジアのジャングルにいて、下生えの中を歩きながら餌を探している、キジ科の鳥だ。餌は昆虫や種子や草など、要するにこれもニワトリと変わらない。夜明け1時間前に「コケコッコー！」と鳴くのも、ニワトリと同じである。

ただし、セキショクヤケイが鳴くのは木のてっぺんであるらしい。残念ながら直接見たことはないのだが、聞いた話では、低い枝に向かって羽ばたきながらジャンプし、次々に枝を飛び移って登ってゆくそうである。

考えてみればこれは当然で、熱帯のジャングルの地べたであんなうまそうなものが寝ていたら襲われ放題だ。ドール、ヤマネコ、トラ、ヒョウ、ジャコウネコ、オオトカゲ、ヘビ、敵は無数にいる。もちろん樹上にも登ってくる捕食者は多いが、地面よりは安全だろうし、枝伝いに逃げてしまうことも、必要なら飛び降りて逃げることもできるだろう。

この、「危険なら木の上で寝る」という習性はニワトリにも引き継がれている。奈良県にある石上神宮《いそのかみ》の境内にはニワトリがたくさん放し飼いにされているが、そのせいか、「捨てニワトリ」が後をたたない。このニワトリたちは境内で暮らしているのだが、夜になると木の枝に向かってバタバタと飛び上がる。ニワトリは飛べないと思うだろうが、翼をばたつかせれば、高さ1、2メートルはジャンプできるのだ。これはなかなか、侮れない能力である。少なくともイヌでは手出しできない高さまで簡単に行ける。もちろん、石上神宮に捨てられたニワトリの中には上手に飛べない個体もいたのだろうが、多分、あっという間にイヌか何かに食われてしまって、飛べるやつだけが残っているのだろう。

さて、この「○○できるやつだけが残る」というのは、自然選択の基本だ。生き残りやすい形質を持った個体は、そうでない個体に比べて多くの子孫を残せる。その生き残りやすい形質が遺伝する場合、子孫もやはり生き残りやすくなる。かくして、子孫を多く残せる形質を持った方が主流派になってゆく。これが進化だ。

人為的な品種改良は人工的な進化に他ならないのだが、ただ一つ、「子孫を多く残せる」

の条件が違う。この場合は、人間が必要とする能力を持ったものを残す。だから、やろうと思えばどんな淘汰《とうた》をかけることも可能だ。極端に言えば、自然状態では絶対に進化しないような形質を持たせることもできるし、実際にやっている。私たちが日常的に食べる卵、あれを産むニワトリが、その実例である。

採卵用のニワトリである白色《はくしょく》レグホンは、年間300個もの卵を産む。だが、卵とは、ある程度産んだら抱いて孵化《ふか》させるべきもののはずだ。つまり、卵を産むという行動にはどこかで歯止めがかかる。でないと体力がもたないし、抱卵《ほうらん》を開始することもできない。

ところが、採卵用のニワトリは就巣性《しゅうそうせい》、つまり、卵を抱いて孵化させる習性を失っているのである。だからこそ、「産卵をストップさせて抱かなければ」という歯止めがなく、いくらでも卵を産み続ける。この形質は突然変異によって生じたものだが、野生では絶対に広まらない。広めようにも、その習性を受け継ぐ子孫が生まれないからである。卵を人間が人工的に孵化させるからこそ、受け継がれているのだ。

品種改良と自然淘汰の生物側のメカニズムは同じなのだが、人間が介入することで、生物としては致命的に不利な進化も加速することができる。そこが大きな違いである。

ニワトリの品種改良はいくつかの方向性があった。ニワトリの品種には、実用性から離れたものがしばしばある。闘鶏《とうけい》用、愛玩《あいがん》用の他、「鳴かせるため」というものもあった。「鳴かせる」というのは古代においてはむしろ重要で、ニワトリは時を告げる鳥であり、夜明けを知らせ闇と魔を祓《はら》う鳥であった。だから、大きな声で長々と鳴いてくれないと、ニワトリの役目を果たせないのである。

ちなみに現在、日本語でニワトリの鳴き声は「コケコッコー」だ。英語では「コッカドゥードゥルドゥー」、横文字で書くと「Cock a doodle doo」で、「進めマヌケな雄鶏」くらいの意味になる。イタリア語ではココリコ、フランス語ではコッケリコ、ドイツ語ではキッキレキ、ロシア語ではクカレクー、中国語でコーコーケー。

「コケコッコー」も明治時代以後の聞きなしで、日本でも古くは「かけろ」と鳴くことになっていた。確かに「かっけろぉぉぉ」と聞こえないこともない。他に「とうてんこう」とも聞きなされた。漢字では東天紅と書き、「東の空が赤く染まる」、つまり夜明けのことだ。ニワトリ一般のことも東天紅と呼ぶことがあった。ややこしいことに東天紅という、特定の品種のニワトリもある。この品種は長鳴鶏《ながなきどり》の一種で、鳴き声をどれだけ長く引っ張れるかを競うためのものである。鳴き声は3音節で、「コッケコォーーーーーーーーー」みたいに聞こえる。最後を長く伸ばすのが特徴だ。時に20秒も引っ張る。無理に聞きなせば「東天紅ォーーーーー」と聞こえないこともない。

長鳴鶏の品種としては他に声良《こえよし》と唐丸《とうまる》（蜀丸《とうまる》とも）がある。声良は東天紅よりさらに低く、地を這うように「コッケコォーーーーーーー」と鳴く。唐丸も「コッケコォー」だが、声が高い。

ちなみにカラスが鳴くことを英語ではCawingという。英語では「コー、コー」と鳴くイメージなのだろう。シートンはアメリカガラスの鳴き声を音符で表し、音は「ka」と表現している。バーンド・ハインリッチという研究者の本では、ワタリガラスの音声は「crack!crack!」や「小爆発の連続のような声」と表現されている。もっともワタリガラスの音声は日本語でも表現しようがないくらい、むちゃくちゃに多彩である。私が聞いただけでも、オットセイみたいな「アオッアオッ」とか、トライアングルを打ち鳴らしたような「カカカカン」とか、信じられない声がある。一番有名で特徴的なのは「カッポンカッポン」あるいは「カポカポ」と聞こえる、金属的に響く声だ。英語で鳴き声がちゃんと表現されている鳥というと、チカディーがある。チカディーはシジュウカラの仲間で、見た目はコガラによく似ている。鳴き声は英語で「チッカディー・ディー・ディー（chickadee-dee-dee）」と表現される。もっとも、アメリカの研究者に実際の音声を聞かせてもらったところ、私の耳には決してそうは聞こえなかった。カタカナで書けば「ツピツヂーヂーヂー」で、前半はコガラやヒガラ、後半はヤマガラの声に似ている。

闘鶏用のニワトリは大きく強くが目的だが、逆に、小さくかわいくを目的としたのが、愛玩用の品種だ。その中で、日本で極端に発達したのがチャボである。

チャボは日本のkawaii文化の先駆けみたいな品種だ。小さくて、丸くて、尻尾はピンと立った剣尾《けんび》。白、黒、碁石、赤笹など様々な色合いのものが作出されている他、尾が短い品種もある。

江戸の後半になると余裕が出て来たのか、花や金魚の品種改良が流行した。チャボも同様だ。裕福な町人の他、武家もこういった「変わり種」を作って贈答品にしている。武家屋敷でお侍があのカワイイ系のチャボを飼っていたのかと思うと、それはそれでほほえましい。カラスにはもちろん、品種改良はない。彼らは野生動物であり、生きてゆくのに必要な進化はあっても、生きているのに邪魔っけな進化はしない。

もちろん、特有の進化をとげた鳥はいる。エチオピアにいるオオハシガラスはなんともわけのわからない、ワイヤーカッターのように高さのある嘴《くちばし》をしている。彼らは大型動物の食べ残しを漁《あさ》る鳥で、住んでいるところが乾燥した高原だから他の餌が少なく、おまけにハゲワシやヒゲワシという自分より大きな死肉食性の鳥までいる。

ヒゲワシとは聞いたことがないかもしれないが、口元に長い黒い毛状の羽毛があり、八の字ヒゲみたいに見える猛禽《もうきん》である。翼を広げると3メートルもあるくせに、骨を拾っては落として割って髄を食べるというおかしな鳥だ。死肉食の順位から言えばカラスは下っ端だが、皆が食べ終わるまで待っていても、このヒゲワシが「その骨もらうね」と分捕ってしまう。となると、丸ごと持ってゆかれる前に、大きな骨から素早く肉を引きちぎらなくてはいけない。おそらく、そのための不似合いなほど巨大で頑丈なツールが、オオハシガラスの嘴だ。

もっとも、ニューギニアのオオフウチョウ（極楽鳥とも呼ばれる、この世のものとは思えない派手な鳥）のように、どう考えても邪魔にしかならない飾りを持った鳥もいるが、あれはメスを呼ぶためであり、飾りがなければ子孫が残らないのだから仕方ない。自分が生き残っても子孫が残らなければ進化は起こらないのである。

フウチョウなどの邪魔そうな飾りについては、ハンディキャップ仮説という説も唱えられている。オスは邪魔な飾りをつけたまま生き延びて見せることで、「僕はこんなハンディがあっても大丈夫なんですよ」とアピールすることができる、という考えである。まあ、異性にいいトコ見せようと背伸びする気持ちは、哺乳類霊長目ヒト科の我々にも、わからなくもない。あそこまでやる気は毛頭ないが。

それを考えると、カラスはどうも飾りっ気のない鳥である。見た目にド派手な飾り羽もなければ、複雑な鳴き声もない（カラスの音声は多彩だとしても、複雑な歌にはならない）。だが、若いカラスの群れにははっきりした順位があり、上位のオスはよくモテるし、上位のオスを巡ってメス同士にも争いがあることが知られている。彼らは集団で社会を作っているからこそ、メンバーの力量をよく知っている。だから、一見《いちげん》さん相手に第一印象を競う必要がない。問題は中身と順位なのだ。

カラスの世界はシンプルな実力勝負、戦って勝って生き延びた奴が強いということになっているらしい。

宗教的禁忌《きんき》

ここで人間の世界に目を向けてみよう。世界で一番食べられている肉は何だろうか？日本で肉と言えば牛肉、豚肉、鶏肉だろう。羊、山羊、馬、鯨などは趣味性や地域性が強いので、一般的にはおそらく「その他」扱いとなる。

面白いことにインドではこの順序が逆だと読んだことがある。宗教にもよるわけだが、ヒンドゥー教なら最上位が羊と山羊、次に鶏肉だそうで、豚肉は珍しく、牛肉はあり得ない。イスラム教やユダヤ教なら豚肉を食べない。知り合いのアフリカ人はキリスト教徒だが、山羊と牛が好きで、日常的なのは鶏肉とのこと。豚は顔をしかめて「体に良くない」と言い切った。あるいはイスラム教の思想が、ある程度は入っているのかもしれない。

牛、豚は宗教的な禁忌のある食べ物だ。少なくとも豚については科学的な根拠を考えることができる。豚の生理機能は人間とよく似ているため、豚の病原体や寄生虫は人間の体内でも生きられるものが多い。つまり人間にもうつりやすい。

豚は残飯でも排泄物でも食べる雑食性が強みだ。この世には豚トイレというものもあって、トイレの下で豚を飼って、ウンコを食わせている。見事な物質の循環を実現しているわけだが、一方、残飯や不消化物を食べるということは、人間と豚は餌が競合するということでもある。牛ならば、人間が絶対に食えない草を食べて、牛乳や牛肉という人間に食べられる形に変換してくれるのに。さらに、豚は元がイノシシ、つまり森林性の動物で、あまり乾燥に強くない。

そうすると、豚は貴重な食料や水をシェアしなければいけない上、病気をうつされる原因にもなり得る、厄介な代物とも言える。社会によって豚肉食を禁忌としたのは、こういう理由を考えることもできるだろう。

では、禁忌のないほうの話。

どうやら禁忌のない肉、それがニワトリなのである。そういう意味では、ニワトリはもう世界中で愛されていると言っていい。鶏肉の普及率は驚くばかりで、世界中どこに行っても、インドだろうがアラブだろうがアフリカだろうが欧米だろうが中国だろうが東南アジアだろうがオセアニアだろうが南太平洋だろうが、さらに肉食を表向き禁じていた時代の日本でさえ、ニワトリは食べているのだ。ニワトリがいる限り、鶏肉料理のない地域はない。

一つにはニワトリが非常にコンパクトで、かつ手のかからない生き物だ、ということがあるだろう。庭先で普通に飼えるし、餌も特にいらない。放っておけばその辺で何かつついている。夜は守ってやらないとイタチやキツネに食われてしまうが、これもなかなかうまい方法がある。友達が以前、フィリピンで見たのだが、夕方になるとニワトリがヒヨコを連れて家の前に戻って来るので、上から籐《とう》で編んだカゴをズボッと被せるのだそうである。ニワトリの方もそれがわかっているのか、ヒヨコを集めてじっとしている。朝になったらカゴを取って、また放し飼いにすればいい。ちなみに彼女の観察によれば、ニワトリが連れているヒヨコは16羽のことが多かったそうである。一腹卵数《いっぷくらんすう》がそれくらいなのかもしれないと言っていた。

また、ニワトリは小さいがゆえに、持ち運ぶのも楽である。南太平洋の島嶼《とうしょ》部まで広まったのは、小さなカヌーや筏《いかだ》にも乗せられたからに他ならない。

というわけで、「みんな大好き鶏肉」なのだが、少なくとも日本で最初からニワトリを食べていたかというと、これもちょっと微妙なのである。

ニワトリの埴輪《はにわ》が出土するから、古墳時代に既にニワトリがいたのは確かである。日本最古のニワトリの骨は、弥生時代のものだ。だが、骨が出土する例が、あまりないのだ。あってもオスの骨（蹴爪《けづめ》がある）で、繁殖させていたならもっとメスがいたはずだ。それに、普段から食べているものならば、かならずその骨が残る。大名屋敷の台所跡から発掘された骨を調べれば、どんな鳥を食べていたかわかるくらいだ。骨が出ないということは、ニワトリを食べていないのである。

食用でなければ、古墳時代のニワトリはなんだったのか。

もちろん、祭祀《さいし》用である。ニワトリは正確に朝を告げる鳥だ。前述したニワトリの原種、東南アジアのジャングルに住むセキショクヤケイも、夜明けの1時間前に大声で鳴く。それも木のてっぺんで鳴く。天空から響く、闇と魔を祓い、夜明けが間近いことを知らせる一声、それがニワトリなのである。古墳時代の日本では、大陸からもたらされた貴重な「神の鳥」であったろうし、その珍しさが権力を象徴してもいたのだろう。食用になったのはニワトリがどんどん増えて珍しくもなんともなくなってからのはずだ。古くは聖武《しょうむ》天皇が肉食禁止令を出し、そこにはニワトリも含まれているが、要するに「ダメですよ」と言われるほど食っていた、ということである。

ところが、ニワトリが伝わらなかった地域というのもある。ニワトリの原種は東南アジア産なので、当然、家禽化もこの地域で始まったはずだ。中国では1万年ほど前の遺跡から世界最古の「ニワトリ」ということになっている骨が出ている（が、同定が怪しいという話もある）。これがヨーロッパまで広まったのは紀元前1000年頃。エジプトにはそれ以前に海路で伝わったようだが、サラセンの時代にイスラム教と共にアフリカを南下している。

しかし、どうやら太平洋を越えることはなかったのだ。ユーラシアからアラスカへと人類が最初に渡ったのは1万年以上前。時期的にニワトリの家禽化より古いくらいだし、仮に世界のどこかでニワトリが飼われ始めていたとしても、ユーラシア北東部の狩猟民にまで伝わるのはずっと後のはずだ。その後、ユーラシアから太平洋の島々を経て南米に人間がたどり着いていた可能性があるが、どうもニワトリは届いていない（南米のニワトリがサモアあたりのニワトリの遺伝子を持っていた！という論文が出たこともあるが、その後の論文で否定されている）。となると、アメリカ先住民はヨーロッパ人と接触するまで、ニワトリを知らなかったはずである。

で、その世界で「夜明けを告げる聖なる鳥」は何か？

そう、カラスだ。北方先住民の間でワタリガラスが神聖視される理由の一つは、おそらくニワトリと同じく、夜明け前に鳴き始めるからである。古代中国や古代エジプトではカラスが太陽から来る鳥、太陽の象徴とされていたが、これも同じく、夜明け前に飛んで来て、夕方になると太陽を追うように集団で飛ぶからだ。カラスはあれでなかなかに、神聖な鳥なのである。

ちなみにカナダからアラスカの西海岸の伝説では、世界を作ったのはカラスである。あるいは、人間に火の使い方を教えたのがカラスである。カラスは自分で、あるいはワシに頼んで天界から火を持ち帰り、その使い方を人間に教えてくれたという。もっとも、行き当たりばったりでイタズラ者で手癖が悪くて時にマヌケと、実にカラスらしい神である。「我は神であるぞよ」みたいな厳《おごそ》かなものではない。

そういえば、日本での事例だが、カラスがもっと直接に火を運んだ例もある。京都の伏見稲荷大社でカラスが火のついたロウソクを持ち去り、落ち葉の中に隠したために火事になりかけたのだ。これはどうやら、和ロウソクを餌と勘違いしたのが理由のようだ。和ロウソクの原料はハゼの実の表面にあるワックス状の油脂で、しかもカラスはハゼの実をよく食べているからである。もし北米でもこういうことがあれば、もっとストレートに「人間のところに火を届けた」という神話にでもなっていただろう。

ちなみに南米には過去も現在もカラスが分布しない。カラスがいない、ニワトリもいない、となると、適当な鳥がいない。ということで、神の鳥はケツァールだったりコンドルだったり、いろいろである。

ところで、人間……少なくとも現代人が真っ先に思いつく禁忌《タブー》といえば、「共食いをしてはならない」だろう。なるほど、人間は人間を食べるということをしないように思える。他の動物の共食いを見てもゾッとするくらいだ。だから、「動物は種の保存のために、仲間どうしで殺しあったり食いあったりはしない」などと言われたこともある。

いやあ、そんなことありませんぜ？

魚は平気で共食いする。ブラックバスなど、仔魚《しぎょ》の群れを水槽に入れておくと、数日で半分に減っている。兄弟を丸呑みにしてしまうからだ。そのくせ、親魚は卵と稚魚を守る。もっとも、その時期がすぎるとすっかり忘れてしまい、自分より小さなバスを食べることもある。やっていることがチグハグだが、つまりはほんの一時期だけ「なんだか守らなきゃいけない気になる」ということで、「仲間だから」といった同胞意識はおそらく、ない。

と書くと「いや魚は原始的で知能が低いから」と言われそうだが、カラスもやっていることが微妙である。カラスは仲間が死んでいるとその周囲で大騒ぎする。これは時に「カラスの葬式」と言われる行動だが、その一方、共食いをしたという観察もあるのだ。仲間を殺して食べたわけではないようだが、同じカラスの死骸を食べていたことはあるという。私も、遠くて確認はできなかったが、どうもカラスのように見えるものを食べているカラスは、見たことがある。

死骸を見た時に騒ぐのは、外敵が近くに潜んでいるかもしれないから大騒ぎして追い出す、あるいは興奮状態の中で敵を記憶する、という意味がある。集団で防衛する種（たとえばコクマルガラスやイエガラス）なら、仲間の死骸を持った相手を敵認定して情報を共有し、集団で攻撃することも意味があるだろう。

共食いすることがあるなら、どこかの時点で認識が「仲間の死骸」から「肉」に切り替わるはずなのである。これはなかなか面白いことだ。人間にはちょっと納得しにくいが。

だが、むしろ、人間の感覚の方が珍しい可能性は高い。人間は共感能力や、物語を作り伝える能力が極端に発達した動物である。自分と同じ仲間が殺されて食われる、といった場面は、我がことのように忌まわしく感じられるだろう。これは、犠牲者やその家族の身になって、我がことのように感じる、という能力あってこそだ。

実際、人間も人間を食べることはあった。多くの場合は「強い敵を食べることでその力を我が物とする」という究極のリスペクトか、「お前なんか俺が食っちまうぜガッハッハ」という究極の勝利宣言だ。あるいは「食べることで、親族の魂の一部を我が身に宿す」という例もある。この辺は愛憎による儀式的なものだと考えればいいのだが……考古学が専門の同僚によると、「単に食べただけですが何か」という例もあるらしい。

人間の「線引き」だって、そんなもんである。

闘う鶏

カラスが喧嘩しているのを見ることがある。とはいえ、多くは餌や順位をめぐる小競り合い程度。大喧嘩するとしても早春に縄張り境界を決め直す時だけで、年がら年中バトルしているわけではない。

だが、鳥の中には、ただひたすら戦うために作られた品種がある。闘鶏、ファイティング・コックだ。

闘鶏はアジアにもヨーロッパにもあるが、何かを戦わせて盛り上がる、ついでに賭ける、というのは、人間に共通の心理であり文化なのだろう。そういえば子供の頃、確かにクワガタやカブトムシを捕まえると喧嘩させたし、小学校に持ち寄って勝負させてもいた。消しゴムを賭けたりした奴も、いたような気がする。

人間ならショーやゲームとして自主的に戦いもするが、動物を使う場合、喧嘩っ早くて勝敗のはっきりする動物を対面させるのが常である。ウシ、イヌ、コガネグモ、ベタ（闘魚）……、そしてニワトリだ。ボクシングの階級にバンタム級というのがあるが、バンタムは小型の鶏の総称である。「喧嘩っ早いチビ」という意味でもある。雄鶏はただでさえ喧嘩っ早い鳥なのだ。

ニワトリ、というかニワトリの原種はキジ科の鳥である。キジ科は繁殖期になるとメスをめぐってオス同士が戦う鳥だ。オスは子育てに関わらないので、1シーズンに何羽ものメスと交尾できる。オスにとってはいかにライバルを蹴り落として多数のメスと交尾するかが大事だし、メスにとってはいかに優秀なオスの遺伝子を確保するかが大事になる。ここで言う「優秀」は子孫をたくさん残せるという意味で、必ずしも戦いに強いこととは限らない。だが、キジの場合、戦って勝てるオスは子孫をたくさん残せるわけで、結局「強い奴がいい」ということになる。かくしてキジ科のオスたちはメスをめぐって蹴り合う。

そのためだろうが、ニワトリも含め、キジ科鳥類のオスは蹴爪《けづめ》を持っている。蹴爪というのは、前3本、後ろ1本の本来の鳥の指のさらに上に、後ろ向きに突き出した「爪」である。この仲間はオス同士が戦う時、空中に跳び上がりながら向かい合って蹴り合う。蹴爪のついた足で蹴り飛ばすのは立派な凶器攻撃だし、相手の上から踵落《かかとお》としを叩き込むことも不可能ではない。

家禽化されたニワトリにも蹴爪はある。その蹴爪は太く大きく、先端は鋭くはないが円錐形だ。こんなものがぶつかったらひどく痛そうだ。では、その先祖はどうか。ニワトリの原種はセキショクヤケイだが、ヤケイの場合、蹴爪は細くて長くて鋭い棘《とげ》なのである。鈍器ではなく鋭利な凶器、抜き身の「武器」という雰囲気を漂わせている。これが、外敵もいる野生状態で生き抜き、自力でメスを獲得しなければ子孫を残せない、野生動物のもつ凄味である。ニワトリの場合、外敵からは守られているし、繁殖は人間に管理されているから、オスが頑張ってもどうにもならない部分がある。むしろ、無駄に喧嘩して相手を怪我させてしまうような個体は飼育に向いていない。集団で飼育する以上、必要以上に重武装した個体はいらないのである。

日本で闘鶏といえば軍鶏《しゃも》だが、「シャモ」という名は「シャム」、つまり現在のタイ辺りをさす古名から来ている。ニワトリは簡単に持ち運べるから、海外の品種を輸入してかけ合わせることが盛んに行われた。日本の軍鶏も海外から持ち込まれた品種をもとに、江戸時代に作出されたものである。ただ、それが本当に「シャム」であったかどうかはわからない。東南アジアの代名詞として「シャム」と呼んだだけかもしれない。まあ、シャムではなかったとしても、その近辺だったのだろう。

軍鶏は首が長く、体幹の立った、ちょっと変わった形の鶏である。白軍鶏はあまり美しいと思わないが、赤笹の軍鶏などは首筋に長く赤い羽が生え、黒っぽい胸を張って、実に強そうな姿である。第一、キジ科の鳥は目つきが怖い。桃太郎のお供で有名なキジだって、顔だけじっくり見ると、ものすごく怖い顔である。マンガに出てくるキレたヤンキー、と言えなくもない。

軍鶏というと、もう一つ有名なのが軍鶏鍋だ。江戸時代にも鳥の肉は食べていたが（さらに薬と称してそれなりに獣肉も食べていたっぽいが）、鶏料理の代表格が軍鶏鍋である。そういえば池波正太郎の『鬼平犯科帳』にも軍鶏鍋屋、五鉄が出て来る。「夏も軍鶏鍋しか出さぬ」という五鉄は、もし行けるなら、一度行ってみたい店の一つだ。

もっとも、軍鶏がよく食べられていたのは、うまかったからだけではない。大抵の鶏は採卵用で、重要なのはメスである。オスは育てても無駄だから、種親だけ残して潰してしまう。その肉を食べるにしても、まだ小さな若鶏では量も知れている。一方、メスは卵を産まなくなるまで飼ってから潰すが、このメスの廃鶏《はいけい》という奴、好んで食べられることはまずない。フランス料理にはコックオーヴァン、つまり雄鶏《おんどり》のワイン煮込みというのがあるが、プール（雌鶏《めんどり》）でなくコック（雄鶏）であるところがミソだ。雄鶏なら年取ってもなんとか食えるし、ワインに漬け込んでからコトコト煮ればいい味も出る。だが、これが雌鶏となると話が違う。

大学院の頃、雌鶏の廃鶏を食べたことがある。猛禽の研究をしていたコワモテな後輩が山奥の養鶏場のおっちゃんと仲良くなって、猛禽を捕まえるための囮《おとり》としてニワトリを譲ってもらったのがきっかけである。そいつが「兄ちゃん、ウチの鶏はうまいから！」と言われて、精肉したパックをもらってきたのであった。

研究室で「鶏肉いっぱいあるから食べましょうよ！」と言われ、とりあえず普通に料理してみた。廃鶏であることを考慮し、酒をたっぷり入れて、コトコト煮た。だが、その肉はまるで固いゴムのようであった。噛んでも噛んでも肉はなくならず、噛み切るのも難しかった。それではとサッと火を通してみたが、これまた見事に臭くて固くてマズかった。貰って来た当人は責任を感じてか、黙々と肉を噛み続けた。私も料理した手前、やはり責任を感じて黙々と肉を噛み続けた。もう一人、研究室で一番いかがわしい後輩も、「食えない」と降参するのが悔しかったのか黙々と噛み続けた。研究室で名うてのコワモテ・怪しい・いかがわしい3人組が5分ばかり肉を噛んだ後、「申し訳ないがこれは食えない」ということで意見が一致した。ふと気付いて冷蔵庫を開けると、廃鶏の肉はあと3パック入っていた。

どうすんだよコレ。

その後、「廃鶏をなんとか食べる会」が開催された。思い付いた方法は「圧力鍋で煮る」「コーラで煮る」「ビールで煮る」である。全て試してみた結果、コーラで煮るのが一番うまくいった。甘くなるのが欠点だが、醤油を入れて甘辛くしてしまえば問題ない。それでも「腹を空かせた貧乏院生ならば食べられる程度」だったのだが。

そういうわけで、採卵が第一だった頃に食べていた廃鶏なんて、うまいものではなかったはずなのだ。ところが肉用品種が作られるのは意外と遅く、19世紀になってからである。どうも鶏肉というのは、卵のオマケであってまずくても仕方ないと思われていた節もある。なんだか不思議である。

さて、メスの廃鶏がいかにマズいかを延々と書いてしまったが、軍鶏に戻る。

軍鶏の場合、「こいつは潰して食おう」というタイミングが少し違う。戦わせるために飼っているのだから、弱いやつ、負けた奴は不要である。となると、こういった鶏は年齢に関係なく、常に肉用として供給され得る。しかも軍鶏はデカい（観賞用の小型種もあるが、本来はかなり大きな品種である）。この辺が、軍鶏の肉が有名になった理由の一つであるようだ。

ちなみに、軍鶏鍋用と割り切った場合は他の品種とかけ合わせて、もう少し飼いやすくする。だが、それでも軍鶏の血が入ったニワトリは攻撃的だという。私の通っていた小学校で、私が入学する前に飼育されていたニワトリは軍鶏が混じっていたそうで、飼育係の子供が片っ端から飛び蹴りを喰らわされ、それどころか顔を狙って飛びかかって来るので、とうとう譲ってくれた人に返されたと聞いた。

実のところ、闘鶏をめぐる厳しい事情は海外でも同じだ。知り合いだったフィリピン人に聞かされた話をご紹介しよう。

その人の父親は警察官だったらしい。ちなみに口ぶりからすると、フィリピンの田舎で「警察の偉い人」というのは地元の顔役のようだ。警察署長ともなると、もはやＶＩＰである。「調査に行くなら地元のポリスに挨拶しないとダメだよ、ボスに贈り物しとくと全部ノープロブレムだよ」と恐ろしいことを言われた。

さて、この人の父親は警察をやめた後、養鶏場を経営していたらしい。そして、肉や卵を売るだけでなく、ときどき行われる闘鶏にニワトリを出場させるのも、重要な仕事であったとのこと。

で、フィリピンの闘鶏のおおらかな――そして切実な――所はここからだ。男たちが札を振り回してヒートアップし、囲いの中でニワトリが血みどろの蹴り合いをやっている間、その横では火を起こして、鍋を準備している。そして、負けたニワトリはその場でシメてさばいて鍋に放り込んでアドボ（シチュー）になり、賭け金をスッた連中と、負けた飼い主が溜飲を下げると共に、お祭り騒ぎを盛り上げる御馳走になるのである。

この辺りが、ニワトリ、すなわち「人間に命を握られている動物」の厳しさでもあるし、さらに俯瞰《ふかん》してみれば人間社会のおかしみと哀しみとも言えるかもしれない。

ついでにカラス同士の戦いについて触れておこう。縄張りを持ったペアは他のカラスを追い出すが、普通は鳴き声で威嚇するだけで済む。それでダメでも、突進したり並行して飛んだりすれば「あ、いけね」と侵入者が逃げる。ただし、時には盛大な空中戦をやることもある。特に1月末から2月頃、その年の繁殖が始まる前によく見かける。カラスの飛行能力は猛禽には遠く及ばないが、ペアで交互に相手の頭上をとって急降下と急上昇を繰り返しつつ、見事な連携プレーで追い詰めるくらいのことはやる。時には空中で向き合ったままお互いに相手の翼に嚙みつき、ボカスカ蹴り飛ばしながら団子になって落ちてくる、なんて激闘もある。

さて、本来ならここで実際の闘鶏について、また賭けごとの心理について滔々《とうとう》と語りたいのだが、あいにく私は闘鶏を見たことがない。賭けごとは全て遠ざけているので、これまた語ることがない。おまけに軍鶏も食べた記憶がない。軍鶏鍋でも食べれば話題が広がると思うので、そこは編集のAさんに期待して筆をおくことにする（単行本註：軍鶏鍋の味はいまだに語ることができない。残念である）。

なんでも食ってやろう

年末、奈良の実家に帰省すると、母親に「何からやる?」と聞く。答えは毎年、「そやなあ、昆布《こぶ》巻きかなあ」である。かくして私は昆布とカンピョウを水に浸し、その横で塩鮭を切り、黙々と巻いては結ぶ。松風、二色卵、紅白なます、栗きんとん、白和《しらあ》えなどひたすら作り、合間に掃除をし、最後に田作りが出来上がるのは、たいがい年を越してからである。

こうして迎えた正月はコタツに入り、黒豆、ごぼう、生麩《なまふ》、白和え、なます、田作り、百合根のウニ和えなどつついては地酒をチビチビやる。奈良は海なし県なので、地味な、野菜ばっかりのおせちだが、こういうのがいいのだ。数えてみたら料理の数にして十数品、代表的な材料だけで数十品目にはなる。あれもこれも満遍なく食べて、実に健康的。味は濃いけど。「草食中心の雑食」という、昔の日本人の食性そのままの料理だ。

一方、動物の中には極度に偏食なものがある。代表的なのは昆虫で、少なからぬ昆虫は、幼虫時代に食べる植物（食草）が決まっている。アゲハチョウにはごく近縁な2種があるが、食べ物がお互いに違っており、ナミアゲハは柑橘《かんきつ》類、キアゲハはセリ科しか食べない。ギフ

ノアオイ
る。例え
バルがいな
……競争を……という場合もある。食草にこだわりがなければ、ライバルがいても別の植物に行けば済むからである。こちらの戦略をとっている代表例がアメリカシロヒトリというガの一種で、様々な植物を食べるため、いろんな作物の害虫でもある。ちょっと面白いところではセダカヘビという、カタツムリばっかり食べているヘビもいる。このヘビの頭骨《とうこつ》は特殊な進化をとげており、右顎の歯の数が左顎よりも多い。カタツムリはたいがい右巻きだが、その殻口から貝殻のカーブに沿うように下顎を突っ込み、軟体部を引っ張り出して食べるからである。面白いことに、貝の中には少数だが左巻きの種がある。そして、セダカヘビは対右巻き専用の顎を持ってしまった結果、左巻きの貝を食べるのが苦手だ。うっかり特化してしまうと、こういう反撃を食らうこともあるわけだ。

もう一つ、ヘビで偏食を極めているのはアフリカタマゴヘビだ。このヘビはほとんど鳥の卵しか食べず、特にハタオリドリの卵を好む。そのため歯が退化してしまった。卵を丸呑みして、咽頭に発達した突起で殻を割るという、卵食い専門に進化してしまったのである。ハタオリドリが繁殖しない時期にはほぼ絶食。やせ我慢にもほどがある。

鳥類でも、ハチドリは花の蜜を専食しているように見える。だが、繁殖期にはタンパク質や脂質を補うため、昆虫も食べている。鳥が生きてゆく上で、「それしか食べない」のは難しいのだ。飛ぶために高カロリーかつ消化の良い餌が必要だし、すごい勢いで育つ雛のために栄養価の高い餌もいる。といって、イモムシ君のように、自分の周りの葉っぱをむしゃむしゃ食べていればいい、というわけにはいかない。草を消化するのは難しいし、量が嵩《かさ》むので体が重くなりがちなのだ。アフリカタマゴヘビのように、狙った餌が手に入るまで何も食べない！なんてこともできない。鳥の基礎代謝量はヘビとは比べ物にならないほど高いからだ。「こんなものは、食えないよ」などと選り好みしたら、即、飢え死にである。

もっとも、餌が豊富な時は、鳥もずいぶんと雑で贅沢な食べ方をする。カラスなんてクスノキを枝ごとちぎり、足で踏んでブチブチと実を食べ、まだ実がたくさん残っていても興味を失ってポイと枝を落としたりする。ニホンザルもよくこういうことをやる。もちろん何か考えがある、というわけではあるまい。サルやカラスだからって深読みしすぎるのは、かえって判断を間違う。他の刺激に気を取られたとか、ちょっと飽きたとか、そんな程度にも見える。落とすこと自体にも、おそらくカラスにとっての意味はないだろう（もちろん、上から果実が落ちてくるのだから、地上にいる動物にとっては意味があるはずだ）。

カラスのような雑食性の鳥は、様々な餌を組み合わせて少しずつ食べている。

野生状態ならば、一度に大量の餌が見つかることは稀《まれ》だ。時にはクスノキが大豊作だとか、シカが死んでいるとか、それればかり食べることもあるだろうが、遠からず食べつくしてしまうだろう。本人だけでなく、いろいろな動物が昼夜問わず食べに来るのだから、そういつまでも残っているわけがない。

実際、エゾシカが24時間でほぼ半身にされたのを見たことがある。食べたのは少なくともハシブトガラス、ワタリガラス、オジロワシ、オオワシ、キタキツネだ。

初夏の山林に暮らすカラスのメニューは、私の行った断片的な調査からでさえ、なかなか多彩であることがうかがえた。目視観察していると小さなユスリカやハエのようなものを食べていたり、クワの実を拾っていたりする。養鶏場から拾って来たらしい鶏卵と、ヤマドリのものらしい卵もあった。サクラの実も大好きだ。タヌキやヤマドリが死んでいるのを見つけ、大喜びで食べていたこともある。もっとも、ヤマドリは日暮れまでに食べきることができず、残りはテンかハクビシンが持って行ってしまった。バッタを食べていることもあればカナブンのような甲虫も食べる（これは糞の内容物から確認できた）。スギの実をくわえていたこともある。こうやって様々な餌を手当たり次第に利用し、なんとか食いつなぐのがカラスの流儀なのだろう。

振り返ってみれば、人間の雑食ぶりも際立っている。もともと霊長類は食性の幅が広く、ほぼ葉っぱしか食べない奴から、果実食のもの、昆虫やカニをバリバリ食べるもの、中には哺乳類を捕食するものもある。ブタオザルはネズミを食べることがあるし、チンパンジーはもっと大きな獲物も捕食する。チンパンジーの肉食の頻度は地域によって違うが、タンザニアのゴンベ国立公園では年間10キログラム以上食べているという調査結果もある。1日あたりにすると数十グラムだが、ほんの200年ほど前、江戸の町民だって、そう毎日のように魚を口にしていたわけではないことを考えれば、チンパンジーはかなり「肉食」なサルだ。ついでに言えば、彼らが一番よく狙うのは、コロブスなど自分より小型のサルである。何を食べようとチンパンジーの勝手ではあるが、自分とほぼ同じ姿をしたものを引き裂いて食っているというのは、なまじ人間に似ているだけに、ビジュアル的にちょっと引く。まあ、その辺の怖さも含めて「人間に近縁」ということかもしれない。

人間は本来、非常に様々なものを食べることができるし、実際、非常に様々なものを食べていたはずだ。石斧《いしおの》かついだ原始人だって、マンモスの肉ばっかり食べていたはずはない。現代の狩猟採集民を見ればわかるが、肉を手に入れるのは大変なのである。効率からいえば、地面を掘ってイモを探すとか、サゴヤシの幹からデンプンを集めるとか、果実や昆虫や貝を採って回るとか、そっちの方がはるかにいい。果実やイモは逃げない。

おそらく、草原に進出したヒトの祖先は、手に入るありとあらゆるものを食って生き延びていたはずなのだ。ヒトはハンターだった、いや採集者だったという議論には、第三極として「死肉漁《あさ》り」という、いささか不名誉な解釈も存在する。だが、これは決して悪い方法ではない。サバンナに行けば今も1日1体くらいはレイヨウなどの死骸に出会うという。すでに死んでいるから、追いかけたり、仕留めたりしなくてもいい。腐りかけていると解体するのも楽だ。他の動物が食いちぎってくれていれば、なおさらである。ただし、経験から言うと、野ざらしの死骸は皮がカチカチになり、ナイフを使っても切り分けるのに苦労することがある。ライオンなりハイエナなりが先に食い散らしてくれていた方が、ロクな道具を持たないご先祖様にとっては、仕事がしやすかったに違いない。

カラスも非常にいろんなものを食べるが、「これは食える」「これは食えない」という見極めはどこでつけているのだろう？

最近の研究により、鳥の嗅覚《きゅうかく》は意外に悪くないかも？ということになってきた（ただし、今わかっているのは特定の匂いに対する反応だ。多様な匂いを嗅ぎ分ける能力があるかどうかはまだ不明な部分が多い）。だが、カラスに関しては、嗅覚で餌を探しているとは思えないところがある。見た目に惹かれているのが明らかなところもある。カラスは見えている餌を真っ先につつくからである。

ところが、カラスは「お前、それが餌に見えるの？」というものを持って行く時もある。例えば石鹸だ。

カラスが幼稚園の手洗い場から石鹸を盗むという事件が発生したことがある。これを調査した東京大学農学部（当時）の樋口広芳教授らは、石鹸に発信機を仕込んでカラスに持って行かせ、石鹸がどうなるか調べた。結果、石鹸は餌と同じように落ち葉の下に隠されており、表面には嘴で削った後がいくつも残っていたという。食べたとは言えないのだが、つついてみたのは確かである。他の観察例では、クチバシでカリカリやってはプルプルと振り払っていたという。まずいのに、「やめられない、止まらない」状態であったらしい。

同様に、ゴルフ場ではしばしば、カラスがゴルフボールを持って行く。これもやはり、落ち葉の下に隠したりしている。だが、ゴルフボールなんて絶対に食えないし、味見することさえできないはずである。なにか、カラスにとって魅力的な条件があるのだ。だが、それが何なのかは、いまだにわかっていない。

カラスも含めて鳥の色覚は我々とは違い、三原色に加えて紫外線も見えている。よって、世界の見え方は人間とは違うはずだ。カラスの目には、石鹸やゴルフボールがとてもうまそうな何かに見えているのかもしれない。たとえ食えないとわかってもつい持って行きたくなるくらいに。だが、残念ながら、人間には紫外線反射を含む色彩世界を想像することさえできない。

さて、カラスと同じく食性の幅が広いヒトである私は、おせち料理の白和えをつつき、松風をつまみ、口直しに黒豆にいくか、田作りにするかを考える。こういう選択肢を持っていると、少なくとも私にとって、生活の質が大いに向上するのは確かだ。今飲んでいる「春鹿・生原酒」が空いたら、次を「三《み》諸杉《むろすぎ》・菩《ぼ》提酛《だいもと》」にするか、「やたがらす・純米」にするかという選択肢も重要だ。これもまた、「やめられない、止まらない」の部類である。

毒を食らわばカラスまで

「宗教的禁忌」の項で、ニワトリを食わない民族はほぼない、と書いた。肉食を禁じていない限り、ニワトリに限らず、鳥を食べない文化はおそらくない。ベジタリアンでさえ、鶏肉までは食べてもいいポヨ・ベジタリアンがある。もっとも1992年にアメリカで行われたある調査によると、自分はベジタリアンだと答えた人のうち約10％は「週に1度以上、牛や豚を食べる」と答えたらしいが（いや、もちろんパートタイムのベジタリアンもあっていいけど）。

それはともかく、ニワトリ以外の鳥の食味はどうだろう？

私もそれほどたくさん食べたわけではないが、食ってうまいのはだいたい、キジ科とガンカモ科だ。ハト科もうまい。もちろんグループの中でもうまいまずいはあり、トモエガモは「味鴨《あじ》」という古名があるくらいうまいという。シマアジというカモがいるが、あれはシマ鯵ではなくシマ味鴨なのだ。

江戸時代の大名屋敷跡からはハクチョウ、ハクガン、サギなどの骨も見つかる。ハクチョウ、ハクガンはまだわかるが、サギ?! 一般に魚食性の鳥類は魚油《ぎょゆ》臭く、あまりおいしくない。昔の南極探検隊はペンギンを食べたりもしているが、臭くてうまくないというのが大方の意見だ。サギはちょっときついんじゃないか?と思うが、これはどうやら、料理の格付けの問題である。白い鳥は瑞兆《ずいちょう》で縁起がいいとされていたから、白い鳥を使うのがお約束になっている場合もあったようだ。となると、味など二の次であろう。

さて。ここからいきなりカラスの話にしてしまおう。カラスは食えるかというと、もちろん、食うことはできる。

カラスの食べ方については『本当に美味しいカラス料理の本』(塚原直樹、SPP出版)という、そのものズバリの本があるので参考にしていただきたい。塚原さんは宇都宮大学でカラスの音声を研究したが、同時に大変な料理上手でもあるので、駆除されるカラスを有効活用できないかと考えて作ったのである。焼き鳥、竜田揚げといった基本的な料理から麻婆豆腐にキーマカレー、果てはカラスジャーキーにローストクロウ(!)までが、ヤラセなし、モノホンのカラス肉100%で展開されている。ビジュアルだってカフェ飯っぽいお洒落な写真が満載、完全なレシピ本である。

塚原さんは本の中で、「カラスっておいしいの?」という問いに対し、「今はおいしくなりました」という微妙な答えを出している。これはつまり、下処理や調理法を確立するまではまずかった、という意味だそうだ。カラスの肉は高タンパク低カロリーな上、タウリンや鉄分を大量に含むのだが、その鉄分の出どころは筋肉中のミオグロビンに含まれるヘム鉄だ。つまりはヘモグロビンの親戚で、料理すると確実にこの鉄臭さが出る。しかも加熱すればするほど強くなる。一言で言えば、「ハツのように固いレバーを噛んでいる感じ」である。塚原さんに頂いたカラスジャーキーは、さすが専門家が作っただけあってかなりマシだったが、やっぱりカラス味ではあった。なお高タンパク低カロリーというのは、「脂っ気が全くなくてパッサパサのカッチカチ」という意味である。塚原さんによると、ヨーグルトや塩麴《しおこうじ》で下処理して、繊維を断ち切るように切り、低温調理するのがおいしいとのことだ。

敬愛する塚原さんには大変申し訳ないが、それだけの手間をかけないとまずい割に、手間をかけたからって飛び上がるほどうまいものではない。どうせ手間をかけるなら、丸鶏をワインと香草でマリネして、米やら栗やらを詰め込んでローストする方がうれしい。まあ、日本にはとてつもない手間暇をかけたくせにカロリーにならない、コンニャクという信じがたい食品もあるので、そういう無駄な努力もあってもよいのかもしれないが。

では、どこかの島に漂着したが、島にはカラスしかいない、という状況なら？　そりゃ採って食べてもいいが、ちょっと待った。カラスがいるなら、カラスが餌にしているものがあるはずだ。そっちを食べてもいいのではないか。たぶん、木の実とか、果物とか、小動物とか、昆虫とか、何かしらあるに違いない。ひょっとしたら海鳥のコロニーがあって、卵が採れるかもしれない。もっとも鳥の卵は種によって妙に生臭かったりもするらしいのだが、試してみる価値はある。

なら、本当に飢えて食い物がないのに、なぜかカラスだけはいる、という状況なら？　ちょっと考えにくい状況だが、思考実験として試してみよう。

この場合、下処理もへったくれもなく、生存するために食べるしかあるまい。命がけなのにヨーグルトや塩麹を用意して漬け込んで待っていられるか。某グルメ漫画では雪山の別荘に閉じ込められている割にネギと小麦粉とごま油「だけ」はあり、凍《こご》えてひもじいくせに蘊《うん》蓄《ちく》を垂れながら粉を練って寝かせて伸ばして巻いて云々《うんぬん》して食う回があるが、山をナメきっているとしか言いようがない。

ということで、余裕があるなら他にもうまいものはありそうだし、余裕がなければそもそも手間暇かけない、かけられないという、悲しい立ち位置に、カラス料理はいる。なんて不《ふ》憫《びん》な。

こういう理由で、「無駄に捨ててしまうくらいならカラスを活用してもいいんじゃないですかね」という提案としてはアリだが、わざわざ獲って食べる価値は、趣味として楽しむのでない限り、あまり感じられない。地元の名産品としても、おそらく成立しない。カラスは一般に印象が悪いので、「え、あんなもの食べなきゃいけないくらい貧しかったの？」という目で見られる恐れさえある。実際、ある新聞社が「茨城県の一部では伝統食としてカラスを食べる」と紹介したところ、ネット上では「はあ？　地元民だけど、あんなもん食わねえよ」の大合唱になった（ちなみにこの件、ネット上でいろいろ追及されたようだが、結局は「猟師の中には食べる人もいるし食べた人もいる」程度の話に尾ひれがついたっぽい）。

さて、人間が鳥を食べる話ばかりしてしまったが、鳥が人間を食べることはあるだろうか？

鳥葬などを別にすれば、鳥が人間を餌扱いしたという記録はない。だが、アフリカのカンムリクマタカやゴマバラワシは、現地では子供を襲うと信じられている。どちらも巨大な猛禽だし、なかでもカンムリクマタカはかなり大きなサルを餌にすることが知られているので、人間の子供を襲う可能性もなくはない。実際に巣から人骨が見つかった例や、子供が襲われて怪我を負った例もあるという。この子供は腕に大怪我を負ったが、幸い助かった。襲った鳥はまだ若く、繁殖していなかったはずなので、巣を守るために襲ったわけではないだろう。ただ、人骨が見つかった場合でも、死体を食べた可能性もあるので注意が必要だ。意外かもしれないが、猛禽は動物の死骸もよく食べている。オオワシやオジロワシの主要な餌の一つは漁船からこぼれた魚だったりするくらいだ。

南米ではオウギワシ（メスの体重7、8キログラム、翼開長《よくかいちょう》2メートルほど）が人を襲うと信じられている。ユーラシアでもイヌワシが子供をさらうという言い伝えはある。

巨大な猛禽というとニュージーランドのハーストイーグルが挙げられる。翼開長3メートル、体重15キログラムにも達したとされる巨大猛禽類だが、これが人間を襲うことはなかっただろう。というのは、ハーストイーグルが栄えたのはニュージーランドにマオリ族がやってくるよりも以前で、15世紀頃には絶滅したと考えられているからである。ヨーロッパ人が入植して家畜やネズミを連れてくる（そして野生化する）までニュージーランドにはコウモリ以外の哺乳類がおらず、ハーストイーグルは鳥を食べていたのだろう。

では、食えない鳥というのはあるだろうか？　まずい鳥はあると書いたが、ここで言うのは「食べてはいけない」の方だ。

中国の伝説上の鳥に「鴆《ちん》」というのがある。この鳥の羽毛は猛毒で、羽を盃《さかずき》に浸すだけで毒酒となり、飲めばたちどころに命を落とすという。解毒にはサイの角が効くとされたので、暗殺を恐れる大物たちはこぞって犀角《さいかく》の盃を求め、その流れで今もサイの密漁は後を絶たない。

では、この鴆とは何か？　少し前まで毒のある鳥なんていない、というのが常識だったので、全くの想像上の存在だと思われていた。だが、１９９０年に大発見があった。パプアニューギニアで有毒な鳥が見つかったのである。

その鳥はズグロモリモズ。筋肉、皮膚、さらに羽毛も有毒である。色は派手なオレンジと黒の塗り分け模様で、いかにも「毒でございます」という風情。後にカワリモリモズ、クロモリモズ、カンムリモリモズにも毒があることがわかり、さらに同じ地域に住むチャイロモズツグミ、ズアオチメドリも有毒だとわかった。彼らの毒はホモバトラコトキシンといい、猛毒で有名なヤドクガエルの毒成分によく似た神経毒だ。羽毛25ミリグラムから抽出した毒を注射するとマウスが十数分で死んでしまったというから、「羽１枚で人を殺せる」とまではいかないかもしれないが、かなりの猛毒。ただし、毒の量は個体や産地によって異なる。脊椎動物はホモバトラコトキシンを生成できず、餌である無脊椎動物から毒を取り入れているから、何をどれくらい食べたかによって毒の蓄積具合が変わるせいである。フグ毒と同じだ。

　このズグロモリモズの毒が見つかった経緯がなかなか面白い。現地で鳥の標識調査をしていた研究者が、モリモズに噛まれた傷を舐めたところ、口の中が痺《しび》れた。まさかと思って羽毛を舌に乗せてみたら痛みと痺れを感じたので、「ひょっとしたら毒なんじゃないか」と考えたという。調べてみたら本当に毒だったのだ。

　ちなみに「○○モリモズ」は当初モリモズ属としてまとめられていたのだが、その後の研究でモズツグミ属にしよう、いやモズヒタキ属だ、と変遷した。現在はさらに分類が変わり、以前モリモズ属でまとめられていた連中はコウライウグイス科、モズヒタキ科、カンムリモズヒタキ科に分けられてしまった。別属どころか、科レベルで違っていたのである。さらにカワリモリモズは南北二つの個体群があることがわかり、2種に分けられた。現在の分類ではこの毒鳥たちを「モリモズの仲間」とくくることができないので、現地語でピトフーイと呼ぶこともある。現地の猟師はもちろんこの鳥を知っており、食えない鳥と認識していたという。

ちなみに、『三才図会《さんさいずえ》』（天・地・人の三才に関するあらゆる事物を図説した中国、明の書）の鴆は、あまりにも雑に描かれていて種類がまったく同定できない。『山海経《せんがいきょう》』（中国最古の地理書にして化物図鑑）などに描かれる鴆は首が長くて足も長く、冠羽《かんう》のあるスラッと背の高い鳥だ。これはピトフーイとは似ても似つかない。どちらかと言えば、アフリカのへビクイワシに似た姿だ。かたや猛毒、かたや猛毒のコブラさえ食べる鳥ということで、どちらも強烈な鳥であることには違いない。

カラスにはもちろん、毒はない。だが、世界のどこでも、とりたてて「食える」という話も聞かない。まあ、要するにそういう鳥である。

3章　人気の鳥の取扱説明書

鷹《タカ》は戦闘機に勝てるか

本章は人気のある鳥にフォーカスしよう。まずは、猛禽《もうきん》からだ。ニワトリとは違った意味でだが、猛禽も非常にポピュラーで、かつ愛されている鳥の一つだ。

猛禽といえば孤高の空のハンター、大空の勇者、このイメージは世界共通である。紋章に猛禽を用いた例も多い。アメリカの象徴はハクトウワシだし、ロシアのロマノフ王家の紋章もワシだった。戦闘機にも猛禽の名前をつけた例は多い。米軍の戦闘機にはホーク、イーグル、ファイティング・ファルコン、ラプターなんてのがあるし、イタリアにはファルコ（ハヤブサ）がある。日本にも陸軍一式戦闘機「隼」があった。

猛禽は捕食に特化した鳥だ。大きく鋭い爪と嘴《くちばし》を持ち、生きた獲物を捕まえ、切り裂いて食べる。獲物を追って捕獲するため、運動能力も高いものが多い。

例えば、ハヤブサの武器は急降下だ。獲物を見つけたハヤブサは翼を小さく畳み、上空から落下してくる。超高速で突っ込みながら翼を操って獲物を追い、すれ違いざまに足を出して蹴る。この時に一撃で獲物を掴んでしまうこともあるし、辻斬りのように爪で切りつけて、落ちて行く獲物をさらに追って捕まえることもある。その降下速度、実に時速400キロ。

まあ400キロというのは実験的な記録なので、常にそんな速度を出すわけではないだろうが、そこまで出せるのはすごいことだ。人間の作った飛行機でさえ、例えばセスナ172（ベストセラーだった軽飛行機）の超過禁止速度は時速300キロほど。セスナでハヤブサを追いかけると、飛行機の方が先に空中分解する恐れがある。

空戦能力も恐ろしいものがある。鳥はめったに横転することはないが、トビはヒョイと360度横転を決めることができる。急上昇して半宙返りの背面姿勢から180度横転して背中を上にするアクロバットもやる。飛行機の技で言えばインメルマン・ターンだ。

それどころか、猛禽は空中で戦う時に、体をのけぞらせ、腹を上に向けて尾を前にして飛ぶ、なんてことまでやってのける。さすがにこの体勢で飛べるのはほんの一瞬だが、飛行機でこれに近いことができるのはSu－27やF－22といった、ポスト・ストール機動に優れた戦闘機に限られる。

さて、猛禽というと一般的にはワシ・タカ・ハヤブサを指す言葉だ。かつてこの仲間は生物学的にも近縁だと思われていた。だが、遺伝子を用いた系統解析によると、ワシ・タカは近縁だが、ハヤブサは別グループである。ハヤブサにもっとも近いのはなんと、インコ・オウム。あのオカメインコさんが、空の通り魔ハヤブサの親戚だったのだ。

全くわけのわからない話だが、よーく見ると、ハヤブサの丸い頭や嘴はインコに似ていなくもない。ハヤブサとインコ、なんで肉食と果実食に分かれてしまったのかと思うが、どうやら肉食の方が基本で、ベジタリアン化したヘンな奴がインコだった、ということらしい。もっともニュージーランドにいるケアというオウムは鋭い嘴を持ち、動物を食べることもある。羊の背中にとまって肉をつつくという理由で駆除されていたくらいだ。

猛禽にしたって、全てが空を駆けるハンターというわけではない。日本で繁殖するサシバというタカは水田近くに住み、バッタやカエルやヘビを食べている。田んぼの外れの枝に止まり、サッと翼を広げて颯爽《さっそう》と舞い降りるなり、ガッシガッシと歩いて餌を足で踏む。最後がなんだかマヌケである。沖縄のカンムリワシもそうだ。英語でサーペントイーグル（ヘビワシ）というくらいで、やはり地上の小動物を食べている。頭に冠羽、大きな翼となかなか威厳のある姿なのだが、こいつが「のっしのっし、ガシッ」とカエルを踏んづけているのを見ると「う～ん」と思わずにいられない。それどころか、車に轢《ひ》かれてペッタンコにされたカエルなんかも、よく食べている。

カンムリワシは、日本では八重山諸島周辺にだけ分布する鳥だ。日本全体で見れば珍しい鳥なのだが、西表島《いりおもてじま》に行くとよく見られる。最初は「うおーカンムリワシ！」と大喜びで写真を撮っていたが、2日目には「ああ、カンムリワシね」くらいにインフレを起こした。あまり人を恐れず、餌を得やすい道端にいることも多いので、何度も見かけたのだ。分布は限られているが、いるところでは珍しくもなんともないという例はしばしばある。

石垣島の前勢岳《まえせだけ》というところでカラスを調査したことがあるのだが、薄暗い森の中の林道をスクーターで走って行くと、ガードレールの上に何かがいた。「カラスか?」と速度を落としたら、カンムリワシだった。とりあえず通り過ぎて調査を続け、1時間ほどして戻って来たら、カンムリワシは全く同じところに止まったままだった。ただ、さっきは顔を左に向けていたのが、今度は右向きだった。間違い探しか。さらに1時間ほどしてまた通ったら、さすがにもういなかった。そりゃ2時間もボーッとしてねえよな、と思ったら、頭上の枝にいた。5メートルも移動していない。猛禽のもう一つの顔は、このように「徹底して動かない」ことである。

小鳥は常にチョコマカと動いていて片時もじっとしていないが、猛禽は1時間やそこら平気だ。観察していると、見ているこっちは目を離せないし、さりとて猛禽はまるで動かないし、地味に辛《つら》い。やっと動くかと思ったら、「よっこいせ」と枝の上で向きを変えて、また動かなくなる。カラスも枝の上で昼寝していると1時間くらい動かないこともあるが、枝に止まった猛禽は身じろぎもしないのが平常運転だ。

考えてみれば、彼らは獲物を探しているのだ。身動きして自分の居場所を知らせるのは得策ではない。獲物を探していない時も、やはり無駄に動くべきではない。捕食動物はいつ獲物が手に入るかわからないから、不要不急なエネルギー消費は避けた方がいい。一番いいのは、じっとして省エネモードになっていることである。

この辺が、猛禽は「カッコいい」イメージがあっても「賢い」イメージがあまりない理由である。とにかく何もしないのだ。狩りの時は当然、獲物の動きを読んだり待ち伏せしたりと頭を使うはずなのだが、普段は何か考えているように見えない。ハトやカラスのように実験的に知能を調べた例はないのだが、そもそも実験に付き合ってくれる、という感じでもない。こいつら、実はおバカ……？　いや、普段はボーッとしているように見えて、やる時はやる、というのも、それはそれでカッコいい。でもやっぱり……。

と思っていたら、最近、オーストラリアの猛禽が草原に放火して獲物を追い出している、という研究が出た。な、何だってー！

よく読んでみると、オーストラリアではもともと野火が多く、焼け出された動物を狙って猛禽も集まるのだそうである。その時、火のついた燃えさしを持って飛ぶ猛禽がいて、これを落としてさらに火事が広まることがある、という観察であった。

確かにこの例では「放火」によって利益を得ている。ただし、猛禽が意図的に放火しているかどうかはわからない。何かと間違って燃えさしを摑んで飛び、途中で「あ、コレ違うわ」と落としたら偶然うまくいったということもあるからだ。意図的である可能性を否定はできないが、肯定することもできない。

まあ、知能というのは生きるのに必要な性能の一つにすぎない。猛禽はその高い身体能力で全てを解決できるというのであれば、それはそれで、ケチをつけるいわれはないだろう。

ところで、カラスは猛禽が大嫌いである。たいていの鳥は猛禽を見ると黙るか逃げるかする。だが、カラスは猛禽を見つけるなり大声をあげて突撃し、寄ってたかって嫌がらせをする。正面から攻撃する度胸はない（というか、鳥類界の戦闘機相手にそんなことをしたら死んでしまう）から、後ろから近づいて尾羽をくわえて引っ張る、上から蹴飛ばす、といった地味な攻撃をしつこく繰り返す。猛禽の方は面倒くさそうにヒョイ、ヒョイと避《よ》けながら飛び去ってしまう。こんなところでカラス相手に無駄な戦いをする意味はない。大騒ぎされれば小鳥にも気づかれているから、さっさとカラスを振り切って次の獲物を探した方がいい。

これはカラスの作戦として間違いではない。猛禽を追い払えばいいのであって、やっつける必要はない。昔の爆撃機は後方や側方から迫る敵戦闘機を撃退するための防御機銃を積んでいたが、相手を撃墜するまでもなく、射撃位置につかせなければ役目を果たせる。戦闘機だって撃たれたら避けるし、避けている間は自分が狙いを定められないからだ。嫌がらせ攻撃というのも、それはそれで有効なのである。

カラスが猛禽を嫌うのは、捕食される恐れがあるからだ。カラスはかなり無敵に見えるが、オオタカくらいのサイズになるとカラスを襲って食べることがある。オオタカはカラスと同じかやや大きいくらいだが、彼らは自分より重いカモだって狙えるのだ。カラスくらい楽勝である。実際、狭山《さやま》丘陵で観察されたオオタカはカラスのねぐら近くで待ち伏せし、飛んでくるカラスを下から襲って常食していたという。そのせいだと思うが、京都でカラスを調査していた下鴨神社にオオタカが来た時は大騒ぎだった。オオタカは3ペアのカラスのナワバリが接するあたりに止まっていたのだが、それぞれのナワバリからカラスのペアが攻撃に来て、都合6羽のカラスがてんでにオオタカを蹴飛ばそうとした。オオタカは枝に止まったまま、カラスが頭をかすめるとヒョイと首をすくめる。そのうち、興奮したカラス同士までが喧嘩を始めて、誰が何をやってるんだかわからなくなってしまった。要するに、我を忘れるくらい嫌いなのである。

そんなわけで、カラスを観察していると、カラスが大騒ぎをして猛禽の存在を教えてくれることがある。私はカラスと違って猛禽が嫌いというわけではないので、そのつど、「おー、猛禽だー」と双眼鏡で眺めて楽しませてもらっている。

殿様と鷹

やっぱり猛禽はカッコいいので、もう少しタカについて語ることにする。

鷹狩りは世界に広くある狩猟法だ。

英語ではファルコンリィで、ホークでもイーグルでもなく、ファルコン（ハヤブサ）を冠した名で呼ばれている。実際、狩りにハヤブサの仲間を使うことは多く、長距離をカッ飛ぶことができるセイカーハヤブサや、大きくて美しいシロハヤブサも使われる。ハヤブサ科ではない猛禽ならオオタカ、ハイタカ、イヌワシ、ハリスホークなどが使われる。日本ではクマタカが使われることもあったが、歴史的に見れば一般的ではない。

猛禽の能力を見ていれば、「ああ、あの獲物を自分のところに届けてくれたら！」と思うのはごく自然だ。旧約聖書には荒野に身を隠した預言者に、タカ（あるいはハヤブサ）が食物を届けた、というくだりもある。

鷹狩りの起源は古く、おそらく紀元前2000年頃には、中央アジアあたりで始まっていたようである。その後、中国やヨーロッパ、アラブ、インドなどに伝播《でんぱ》してゆく。ヨーロッパに広めたのはフン族（5世紀頃に大帝国を築いた、アジアの内陸の遊牧騎馬民族）だったようだ。

現代の中央アジアでも鷹狩りは盛んだが、この地域はイヌワシ、特にメスのイヌワシを使う点で独特である。猛禽は一般に性的二形があり、メスの方が大きい。ただでさえ大きなイヌワシの、しかもメスとなると相当な大きさで、捕獲できる獲物もまた大きい。訓練されたイヌワシはキツネや、時にオオカミまで仕留めるという。

彼らはイヌワシの巣内雛《そうないびな》を捕獲して、人為的に育てて訓練する。でないと飼い馴らせないからだが、ここに、中央アジア独特の利点がある。乾燥した平原地帯なので、イヌワシも草原からちょこっと盛り上がった土の上なんかに営巣《えいそう》しているのだ。これが日本やヨーロッパなら、高い木や断崖絶壁によじ登って捕まえてこなければならない。

鷹狩りの面白いところは、多くが王侯貴族の嗜《たしな》みとして発達したことだ。本当に生計の手段として鷹狩りが成立した例は、ほとんどないと思う。というのは、タカを飼っておくのに餌が必要だからである。網や罠や飛び道具を使って獲物を獲れば、それは全部自分のものにできるが、タカを使う場合、たとえ獲物が獲れなくてもタカの食い扶持《ぶち》がいる。しかもそれは貴重な肉で、雑穀や芋では済まないのだ。そういう意味では飼い主より贅沢である。タカを使わなければ獲れず、かつ極めて高く売れる獲物でもない限り、あまり効率のよい狩猟法とは言えないだろう。

成立したかもしれない例としては、イヌワシを使うモンゴルの鷹狩りがある。これは食用ではなく毛皮を獲るためで、肉はイヌワシに食わせてもいいし、毛皮は高く売れる（もしくは物々交換される）。さらに、毛皮を狙うのは冬だが、夏になったらイヌワシを野に返してしまうことも多いので、休猟期の餌がいらない場合もある。日本では明治から昭和前半の頃を中心に、東北地方のマタギがクマタカを用いた毛皮猟を行った。おそらく大陸出兵や航空機の発達により、防寒用の毛皮需要が高まったためだろう。そういう特殊な事情がないと、生業《なりわい》としてペイしないように思われる。

では王侯貴族は何のために行ったかと言えば、もちろん、儀式的に、あるいは娯楽としてである。

日本でも武士は狩りをしたが、これは狩猟そのものが目的ではなく、戦の練習と称していた。江戸時代には将軍家御狩場があり、ここでは鷹狩りも行われたが、これも武家の頭領たる将軍の嗜みとして「やるべきこと」とみなされていたからだ。また、天皇家に対して将軍が手ずから獲ったツルを贈るなどの決まりもあり、狩りをしないわけにはいかなかったからでもある。もっとも時代が下がると完全に形式化して、自分で獲ったりはしないことが多かったようだが。

西洋でも同じく、貴族階級の嗜みとして鷹狩りが行われた。ここで重要な獲物の一つは、アオサギである。なんでまた、と思うかもしれないが、目的はアオサギの背中や胸元に生えた、房状の飾り羽だ。これがご婦人の帽子などの装飾に使われていたからである。

そういうわけで、貴族たちは大規模な狩猟の会を催し、貴婦人の目の前で自慢のタカを放ってアオサギを仕留め、その羽を恭《うやうや》しく差し出して贈り物とした。アオサギはかなり大きな鳥だが、オオタカは野生状態でもコサギくらいなら余裕で狙う。まして鷹狩り用のタカは大きな獲物を襲うように訓練されているから、アオサギでもなんとかなるだろう(それにサギは大きいが細身で軽い鳥だ)。

ただし、聞いた話ではアオサギの巡航速度は意外に速く、上空を飛ぶアオサギを上昇しながら追いかけるのは、猛禽にも荷が重いそうである。単に追いつけるだけではだめで、有利なポジションから攻撃をしかけるには、かなり優速でなくてはならない。戦闘機同士の空中戦の場合、敵機の1・5倍くらいの速度がないと好きなように小突き回せないと聞いたことがある。もちろんタカが先に上空にいれば降下して加速しながら襲撃できるが、そんなにうまい場面ばかりとも限らないだろう。狩りに失敗することもあったはずだ。そういう時は、そしらぬ顔で事前に用意しておいた羽を差し出したちゃっかり者の貴族もいたのではないか、と想像する。

本来、猛禽はむやみに大きな獲物を狙うことはない。体に見合わない獲物を襲って失敗しても効率が悪いからだ。だが、鷹狩りの場合は時にキツネくらいまで狙わせることがあるし、アラブ諸国ではノガン（野雁）までが獲物になる。ノガンは草原に住む大型の鳥で、太い体と長い首はガンに似ている。ただしガンより足が長く、歩くのが得意だ。飛ぶことのできる陸生鳥類としては最大級で、体重は最大で15キロ以上になる。オオタカの体重はせいぜい1キロだ。シロハヤブサでも1・5キロくらいなので、自分の10倍もある獲物を襲っていることになる。

そう、アラブの鷹狩りと言えばシロハヤブサなのである。シロハヤブサはハヤブサ科の中で最も大きく、白い体に黒い斑点が入った、美しい鳥だ。生息地は北極圏など北半球の高緯度地域。白い体色はもちろん、雪の中で目立たないようにである。

ちょっと待った。その寒いところの鳥が、なんでアラブの砂漠に？　もちろん、人為的に繁殖させたか、買い付けて来たのである。そういえばアラブの大富豪は普段はロールスロイスのリムジンに乗り、厩舎《きゅうしゃ》に自分の馬を視察に行く時はレンジローバーに乗り、砂漠でトライアルごっこをして遊ぶ時はランドクルーザーに乗ると聞いたことがある。ＴＰＯに合わせて「その分野で最高」を選んでいるわけだ。大富豪や王族にとって、珍しくて立派なタカを所有していることはステータスであり、白くて堂々たる大きさのシロハヤブサなら申し分ない。

鷹狩りにはモノ文化の側面もある。用いる道具が大変に凝《こ》っているからだ。

例えば、タカに被せる目隠しは大変に上等な錦であったり、刺子《さしこ》であったりする。足につける紐も、凝った組紐《くみひも》だったり、革を編んだものだったりと、手の込んだものだ。アラブ式なら止まり木さえも大変な工芸品で、針刺しのようなふんわりした曲線の丸い革製クッションに止まらせる。

武具でも茶道具でもそうだが、こういった装飾に贅《ぜい》を凝らし、それ自身が趣味的な世界として発展して行くのもよくあることだ。宮廷や王室と共に発展して来ただけのことはある。現在、鷹狩りに実用的な側面はほぼない。だが、(狩猟の是非はおくとして)ゲームとして楽しむのであれば「手っ取り早く獲れる」のは二の次。王侯貴族の楽しみとして発展した鷹狩りが、庶民のものになったとも言える。これもまた世のならいである。

鷹狩りの実用性といえば、カラス避《よ》けに飼いならした猛禽を飛ばすというアイディアがある。日本のあちこちで実行されている例もある。確かに、近くを猛禽が飛べば、カラスは大騒ぎする。大騒ぎはするのだが、これは「恐れて近づかなくなる」につながるか?

ちょっと考えてほしいのは、野生状態なら、カラスの周囲には猛禽がいる方が普通だ、ということだ。

それどころか、都内でも有数のねぐら、明治神宮の森にはオオタカが繁殖している。だが、隣接する代々木公園も含めて、カラスがこの辺りを避《さ》けている様子は特にない。ひょっとしたらオオタカがいるせいで避けているカラスもいるかもしれないのだが、避けていてもあんなにカラスが集まるなら、要するに役に立っていないのではなかろうか。

カラスは猛禽を見ると激怒して追い回す。一方、猛禽に襲われたら逃げるのも確かだ。だが、一度や二度、猛禽が出たからといって、その場を避けるようになるとは考えられない。そんなことをしていたら、カラスの居場所は世界のどこにもなくなってしまうからである。

いろんな鳥が自由に暮らす「自然豊かな山」には、当然、猛禽もいる。一方では「猛禽もいる自然豊かな山」には鳥がたくさんいると言い、一方では「猛禽が飛ぶと怖がって鳥がいなくなる」と言い……なんかヘンでしょ？

カラスもタカも、そんなに都合のいいものではない。カラスも他の鳥と同様、タカやフクロウに狙われながら生きてきたのだ。時々タカが飛ぶくらいのことは、織り込み済みなはずである。

人気者たちの悩み

昔、従姉夫婦がアメリカに住んでいた時に、向こうから送って来た写真に不思議なものが写っていた。庭先にぶらさがる円筒形の何かで、下の方にはプラスチックの花がついている。そして、その周囲をハチが飛んでいる。

いや、ハチではない。あれはハチドリだ！

それはハチドリ用のフィーダー、花蜜の代わりに砂糖水を給餌《きゅうじ》する餌台だったのである。花を模した部分から砂糖水が出るようになっていて、ハチドリはホバリングしながら飲むことができる。

ハチドリ、特にノドアカハチドリはアメリカで大変、人気のある鳥だ。北米で繁殖し、冬は中米に渡る。人々は夏になるとフィーダーを用意し、やって来るハチドリを歓迎する。

日本でも「庭にハチドリがいました！」と教えてくれる人が時々いるが、これはさすがに見間違いだ。ハチドリは南北アメリカにのみ分布し、アジアにはいない。熱帯アジアにはハチドリによく似た姿で生態もよく似たタイヨウチョウがいるが、これも残念ながら、日本には分布しない。日本でハチドリのようにホバリングしながら花の蜜を吸っているのはホシホウジャクやオオスカシバなど、昼行性のスズメガ、つまり昆虫である。嘴のように見えるのは長い吻《ふん》(口先)で、これを伸ばして花の中に差し入れて蜜を吸っている。

日本でこんな風に待ち焦がれてもらえるのは、ツバメだろうか。最近泊まった農家民宿では、玄関の内側にツバメの巣があり、玄関の上の天窓がツバメのために開けてあった。昔の家は開けっ放しのことも多かったし、ツバメが来るのは吉兆とされていたから、追い払ったりもしなかった。とはいえ、最近は糞が嫌がられることも多いので、ツバメといえども決して安泰ではない。

日本の野鳥の中で圧倒的な人気があるといえば、やはりカワセミだろう。

カワセミは間違いなく、美しい鳥である。水色の背中、メタリックな緑色の翼、オレンジ色の腹と配色もきれいだ。ただ、写真で見た印象よりはるかに小さい鳥なので、実際に肉眼で見るのは難しい。見えたとしても水上を一直線に飛び去る青い輝きだけである。オンボロ自転車のブレーキのような「キーキーキーキー!」という甲高い声で気づくことも多い。

実のところ、カワセミはそんなに珍しい鳥というわけではない。水辺に行けばそれなりにいる。清流の女王というわけでもない。魚さえいればドブ川みたいなところでも平気だ。さすがに高度経済成長期の汚れきった都市河川では餌もなかったようだが、現在は東京都心部でもそれなりに見られる。東京の北西、葛飾区小菅《こすげ》の古隅田《ふる》川でもちょくちょく見るし、電器屋の建ち並ぶ秋葉原の目の前、神田川でも見かけた。

カワセミの生存でネックになるのは、営巣場所である。カワセミは土質の崖に横穴を掘って営巣するので、土がむき出しになった場所が必要なのだ。これは、都会ではなかなか得られない環境である。

それはそうと、水辺にカワセミがいるかどうか知りたければ、最近はちょっとひねくれた方法がある。水際に枝や棒が差してあれば、ほぼ間違いなくカワセミのいるポイントである。棒の下にバケツでも置いてあれば完璧だ。

これは素人カメラマンがカワセミを止まらせるために仕込んだものである。カワセミは動きが素早く、それなりに警戒心も強い鳥だ。どこかに止まっても遠すぎるかもしれないし、背景がイマイチかもしれない。といって望遠レンズと三脚をかついでえっちらおっちら近づいたら逃げる。だから、いい感じの場所にカワセミが止まってくれそうな枝を設置し、どうかするとバケツや洗面器に小魚まで入れて、カワセミを待ち構えているのである。これなら「枝にとまって魚をくわえたカワセミ」という典型的なショットが撮影できる。完全なるヤラセであること（そして枝が明らかにノコギリで切ってあったり、魚が金魚であったり、あからさまな給餌行為であったり、河川に止まり木を立てるのは「残置物」と見なされたりすること）を気にしなければ、だが。あと、水辺を「バズーカ砲」、つまり巨大な望遠レンズを構えた人たちが取り巻いていれば、それもだいたい、カワセミのいるところだ。なんだかもう、モデルさんの撮影会の世界である。

「野」鳥に限らないなら、多くの飼い鳥がまさに「愛されている鳥」だろう。どうも飼い鳥クラスタと野鳥クラスタは微妙に分かれている感じがあるのだが（先日、とあるフェスに出店した野鳥グッズの作家さんは、来場者に「なんだ野鳥か」と言われたらしい）、いやいや、どっちも鳥だ。私は野鳥を観察している人だが、飼い鳥がダメと言うつもりは全くないし、野鳥趣味の人が排他的だと言うつもりもない。いやまあ、双眼鏡を覗き込んでいるバードウォッチャーは声をかけにくい存在ではあるだろうし、まして通路を占領してカメラの砲列を敷いていれば余計に近づきたくないだろうが。

私は短期間だがジュウシマツを飼っていたこともあるし、研究用に飼育されているカラスと遊んだこともあるので、間近で鳥を見るのが「鳥を知る」という点でも非常に大事なのは、よくわかっている。日本にバードウォッチングという概念を広め、「野の鳥は野に」と訴えた中西悟堂だって、自宅で鳥をいっぱい飼っていた。

今、鳥の中でもカルト的人気を誇るのはインコさんだろう。もちろんブンチョウ派やジュウシマツ派もいるだろうし、フクロウや猛禽ファンもいるだろう。だが、インコの場合、インコの匂いのアイスや入浴剤なんてものまで販売されているのだ。ここまで来るとフェティシズムの世界だと思うが、まあいい。ネットで調べたら「極上の癒やし」「魅惑の体臭」とかものすごい表現になっているが、まあ、いいんじゃないかな。その匂いは個体、あるいは体の部位によってスパイシーとかフローラルとか天日干《てんぴ》しとかバターとか雑巾《ぞうきん》と例えられているようなのだが、コラ待て雑巾てなんだ？　いやまあその……愛は雑巾をも超える、ということにしておこう。

確かにインコ・オウムの類《たぐい》は人によく慣れる。非常に知能の高い鳥であることも知られている。脳化指数、つまり体重に対する脳の重さで言えば、ヨウム（アフリカ産のオウムの仲間）あたりは鳥類界トップレベルだ。カラスをも超える。ただし、脳化指数はあくまで体重比なので、鳥同士ならまだしも、鳥とは体の構造も脳の作りも違う動物相手に比較するのはあまり適切ではないだろう（つまりイヌやヒトと比べるのはあまり賛成しない）。鳥の体は非常に軽量だし、脳の構造や要求される機能も、哺乳類とは違う部分があるからである。おおまかな構造は脊椎動物に共通だが、鳥の脳細胞は皮質、つまり脳の表面にあるのではなく、内部まで詰まっている。それに空を飛ぶ関係上、姿勢制御に使われる領域が大きい。

大きな脳に支えられた「お利口」な行動がインコの魅力でもあるだろうが、もう一つ、彼らは集団で生活する社会的な鳥だ、ということも、忘れてはならない。

他者と暮らすという習性を持たない動物は、なかなか人間に慣れない。どれほど家畜化しても文字通り『猫なんかよんでもこない。』のは、ネコの先祖が単独生活のヤマネコだったたからだ（だがそれがいい、という意見は大いに認める）。一方、イヌの先祖は集団性のオオカミなので、リーダーの顔色を窺うし、周囲に他のメンバーがいることにも慣れている。すんなりと家族の一員になり、飼い主の言うことを「はい喜んでー！」と聞いてくれるのは、そのせいである。インコやオウムも、人間を擬似的に群れのメンバー扱いしたり、時には親鳥、時には配偶者扱いしたりすることで、人間との生活を円滑に送れるのだろう。

鳥と飼い主の関係は時に非常に奇妙である。私も飼っていたジュウシマツに求愛されたことがあるが、聞いた中で一番笑いそうになった例は、飼い主のポケットに飛び込んでから顔を出し、「ここにいい巣穴があるから営巣できるよ、さあお入り」と飼い主本人を呼んだというスズメである。トポロジー的にはなかなか面白い命題だが、いくらなんでも自分が着ている上着のポケットに自分自身が入るのは無理だ。

一方、セキセイインコなどは鏡を相手に餌を吐き戻して求愛給餌しようとする例がある。これもちょっと奇妙である。インコ・オウムくらい「頭のいい」動物なら、鏡像が他個体でないことに気づいてもよさそうなものなのだが。ただ、こういった行動は様々な情動や衝動と結びついており、「考えるより先につい」といった場合もあるだろう。ハシブトガラスだって、鏡を見れば考えるより先に蹴り飛ばすからである。私にも身に覚えがあるので、あまり偉そうなことは言えない。

ただ、当たり前のことだが、鳥を飼うなら逃がしてはいけないし、捨ててもいけない。その鳥がかわいそうなのはもちろんだが、それ以外にも問題はある。

東京に引っ越して来て1ヶ月ほどたった時だ。東大安田講堂の前を歩いていた私は、聞いたこともないキーキー、キュウキュウいう鳥の声に気づいた。なんだこれは、と思っていたら、尖《とが》った長い尾と、ハヤブサのように鋭い翼を持った緑色の中型の鳥が高速で頭上を飛んだ。1羽ではない。10羽ほどの集団だ。一瞬頭が混乱したが、すぐ思い当たった。野生化したワカケホンセイインコだ。

ホンセイインコ類はかつて、日本でよく飼育されていた鳥である。だが、ブームが過ぎ、インコの需要が減った。また、ブームの間に買われたたくさんの鳥の中には、逃げ出したものや、飼いきれなくて捨てられたものもあったろう。業者が持ちきれなくなって捨てたものも、あったかもしれない。

そういったインコ達は都会で仲間を見つけ、故郷と同様に集団を作って暮らし始めた。日本で野生化したホンセイインコ類が見つかったのは、もう50年も前である。日本各地にいたのだろうが、緑地や公園を拠点に生き残ったのは東京だけだったようだ。おそらく人口が多いためにインコも母数が大きかったこと、大都市で天敵が少なく、ヒートアイランド現象によって温度が下がりにくかったことも影響しただろう。かくして、ホンセイインコたちはじわじわと分布を広げ、今では東京都以外に神奈川県、埼玉県の一部でも確認されている。

　本来はスリランカ原産であるホンセイインコが寒い日本で生き抜いている姿は、本当に健気《けなげ》だと思う。また、日本でサバイバル生活をさせてしまっているのは、申し訳なく思う。

　さらにもう一つ。ホンセイインコたちの野外での生活はいまだによくわかっていないのだが、本来は日本にいなかったライバルを持ち込み、日本の野鳥にプレッシャーをかけているかもしれない、という点も、忘れてはいけない。


　さて、突然ですが、ここでカラスです。

　さきほど挙げた、「人気のある鳥」の条件を考えてみよう。きれいで、賢くて、社会性があって、動作が面白くて見ていて飽きないといったところだった。

　カラス独特の光沢が美しいのは、女性の艶《つや》やかな黒髪を「烏《からす》の濡れ羽色」と呼ぶのを考えればうなずけるだろう。知能の高い鳥であることも疑うべくもない。集団性なので社会的な適応力もあるだろう。カラス特有の匂いだってちゃんとある。油っぽくて埃っぽくてちょっとカビっぽい匂いだし、正直に言えばカラス特有ではなく大型の鳥はだいたいあんな匂いだけど、雑巾臭だって愛されるんだから、いいじゃないか。

　それなのに、なぜこうもカラスは愛されないのか。インコさんを愛する人はたくさんいるのに、カラスさんを愛する人はなぜ少数派なのか。これは永遠の謎としか言いようがない。カラス、かわいいのにー。

鳥を導くもの

この本の担当編集者と2度目の飲……もとい、打ち合わせに出向いた時のことである。場所は千駄木だったのだが、私はどうも、根津・千駄木あたりが鬼門らしい。今回も、地下鉄から地上に出たところで悩んだ。目的地が駅の南であることはわかっているが、どっちが南だ？　目の前は特徴のない2本の道の交差点。私の故郷なら山を見れば方角がわかるのだが、残念ながら東京には目印がない。ならば、と空を見たが、もう夜だった。太陽も出ていない。では星座？　星なんか見えない。

幸いにしてコンパスを持っていたのでこれを取り出し、ちょっと遅れて到着したら、担当のAさんたちに「鳥屋さんは渡り鳥みたいに絶対に道を間違えないと思ってました」と言われた。いやいや、この辺では無理。私は生まれも育ちも奈良、大学は京都という人間なので、そもそも直交していない街路は嫌いである。奈良も京都もかつての条坊制の名残を残し、街路が碁盤の目になっているのだ。よって私は東西と南北を基調とする直交座標系を希求し、途中でおかしな曲がり方をする道は永久に理解を放棄する。五叉路《ごさろ》などというものは、これを認めない。

渡り鳥のうち、ツバメのように、夏の間は日本で繁殖し、冬になるともっと暖かいところに移動するものを夏鳥という。ハクチョウのようにもっと寒い地域で繁殖し、冬になると寒さを逃れて日本に来るものが冬鳥だ。渡らないものを留鳥《りゅうちょう》と呼び、日本の代表的なカラスであるハシブトガラス、ハシボソガラスは一般的には留鳥とされている。ただし、ハシボソガラスは沖縄では冬鳥だ。最近は沖縄への飛来記録がないようだが。

かつて、季節とともに姿を消す鳥は謎の存在だった。まさか、小さな鳥が何千キロも飛ぶとは考えなかったのだろう。だから、ローマ時代の博物誌には「渡り鳥は冬になると地中や水中で冬眠する」「他の鳥に姿を変える」などと書いてあった。

中世になってもこの逸話は信じられており（というか、中世ヨーロッパの感覚ではギリシャ・ローマこそが文化と知識の源泉だ）、水中で越冬していたツバメの群れが網にかかって驚く漁師の絵が、ものの本に描かれていたりする。ちなみに中世の学者の名誉のために書き添えておくと、そこにも「ツバメが渡りを行うとする意見はいろいろあるが」と言及はある。

渡りという行動が確かめられたのは、一つには人間の行動範囲や通信距離が広がって「いつ、どこで、何が見られる」という情報が蓄積されたこと、もう一つは鳥に標識をつけて調べるという方法を考えついたおかげである。この標識調査は今も各国で行われており、世界じゅうの研究者やバードウォッチャーが、足環《あしわ》やフラッグのついた鳥に注意しながら観察を行っている。以前、隅田川でアルファベットが刻印された足環をつけたユリカモメを見かけ、知り合いの研究者に教えたら、まさに彼が日本で捕獲して標識した個体だった。夏になってロシアの繁殖地で同じ足環付きのユリカモメが観察されれば、その個体が隅田川とロシアを行き来していることが証明できるわけだ。

さて、鳥が渡ることはわかった。

だが、あの途方もない距離を、どうやって飛ぶのか。例えば、カムチャツカのカッコウは秋になると越冬のため、アフリカ大陸のナミビアまで飛ぶ。実に片道1万6000キロの旅だ。その途中、空には道もなにもない。渡り鳥がどうやって方向を定めているのか、今も完全にわかっているわけではないのだが、どうやら様々な方法を組み合わせて方角を判断していることはわかっている。

基本的な方法は天測、つまり太陽と星座を見て飛ぶ方法である。太陽は時刻とともに位置を変えるが、鳥にはかなり正確な体内時計があり、これによって太陽の移動を補正できる。

では夜は？　ホシムクドリという鳥にプラネタリウムを見せて実験した例から、星座を手掛かりにしていることがわかっている。もっとも、北半球なら北極星を見つければ「あっちが北」とわかるが、南半球には都合の良い星がないので、回転軸を示す星があるわけではない。彼らは星座のパターンを思い出して、空の一点に回転の中心を見つけ出すことができるようだ。鳥類は見たものを写真のように記憶するのが得意であるらしい。

鳥が地球の磁気、地磁気を用いていることもわかっている。天気が悪くて天測航法が使えない場合でも、磁石を頼りに飛ぶこともできるわけだ。驚くことに、鳥には磁場が「見えて」いるらしいことが判明した。動物の網膜には色を感じる視細胞があるが、鳥の場合、ここに特殊なタンパク質を含んでいて、磁気を感知できるものがあるようだ。と言っても地球を取り巻く磁場や磁力線がはっきり見えるのではなく、視細胞内の視物質を構成する分子に地磁気が干渉することによって、うっすらと明暗が生じるのではないか、と想像されている。具体的にどういう見え方なのかは見当もつかないが、鳥の見る世界は、規則的な明暗が南北方向の縞模様を描くのではないかという意見もある。また、あまりあることではないが、磁鉄鉱の鉱床があって局地的に地磁気が異常になっている地域では、鳥が道に迷うことも知られている。一方、強力な磁石を使って方向感覚を狂わせてやろうとするとかえって反応しなかったという例もあるので、明らかに磁気がおかしければ磁気感覚に頼らなくなるようだ。

嗅覚《きゅうかく》も使われる例がある。東からオリーブ油の匂い、西からテレピン油の匂いがする条件でドバトを飼育し、これに慣れたところで離れたところからハトを放した実験がある。ただしこの時、ハトの片方、例えば右の鼻孔にオリーブ油を垂らしておく。すると常に右からオリーブ油の匂いがするので、「こっちが東だ！」と判断して方向を修正する。ところがどっちを向いても匂いは変わらず「右が東ですよ」と伝えて来るので、結局ハトはぐるりと旋回してしまう。鳥が明らかに嗅覚を使っている例である。

さらに、音。鳥の声の周波数はだいたい人間と似通った範囲にあるにも関わらず、数ヘルツという、飛び抜けて低い音が聞こえていることもわかっている。自然の中でこんな低周波音を発生させるのは、山に当たる風の音や、海辺の波の音だ。確かめられた例はないが、鳥はこういった音も手がかりにしている可能性がある。

ということで、渡り鳥はありとあらゆる感覚を総動員して方角を決め、大陸も海も越えて飛んでいるのである。面白いことに、渡り鳥は飛ぶべき方角を生得的に知っている。オランダのホシムクドリは西南西に向かって飛び、イギリスとフランスで越冬する。パーデックという学者は1万1000羽ものホシムクドリの幼鳥を捕らえて、その半分を南南東に600キロ離れたスイスに運んでから放した。強制的に移動させられた鳥たちはやっぱり西南西に飛び、本来の行き先ではなかったはずのイベリア半島に到着してそこで越冬した。実験に使ったのは幼鳥だから、まだ渡りを経験したことはない。彼らには最初から、「この方角に飛べ」という強力な衝動が、生まれながらに備わっているわけだ。

もちろん、遺伝子を自力で書き換えることはできない。様々なバリエーションをもった個体が生まれ、その中から、都合の良い性向を持った個体だけが残った、ということだろう。逆にいえば、「生まれつきヘンな方向に飛びたがる奴」が生き残れなかった結果である。

とはいえ、方角さえわかればいいというものではない。空を飛んでいると、横風に流されるという重大な問題がある。これでは目的地にたどり着けない。そのため、彼らは地上の目標（ランドマーク）を見ながら位置を補正していると考えられている。だが、ランドマークは経験して覚えるしかない。だから、渡り鳥は群れを作って飛び、経験者について行こうとする。経験者は風を読むのがうまく、効率よく飛んでいることも知られている。

渡りの実態はかなり複雑だ。中国での研究から、アオサギは渡りのたびに経路が違うのに、ちゃんと目的地には到着しているとわかっている。春と秋でルートが違う鳥もしばしばで（おそらく風の具合や、本人の急ぎ方が違うのだろう）、渡りにはまだまだ謎が多い。現代の学者は衛星発信機、ＧＰＳデータロガー、ジオロケーターなどを駆使して、その謎に挑む。ジオロケーターというのは、時刻と照度を記録する小さな装置だ。簡単な仕掛けだが、日の出・日の入りの時刻がわかれば、鳥の居場所の緯度・経度が推測できる。これを鳥に取り付けるだけでも「ルート上のどの辺にいたか」を知るために威力を発揮してくれるのである。

それにしても、渡り鳥の体力は驚くばかりである。たとえばヨーロッパで繁殖するスゲヨシキリはアフリカまでの約４０００キロを４、５日で飛ぶ。ニューギニアから日本まで、４５００キロ以上を一直線に飛んだシギもいる。このルートは全て海上で、休みたくてもパラオとグアムくらいしか島がない。ハチドリでさえ、体重10グラムに満たない体でメキシコ湾をひとっ飛びだ。カイツブリという潜水の得意な水鳥の一種を研究したところ、彼らは肉体を改造してまで渡りに備えていることがわかった。渡りの前には消化器官が大きくなり、大量の餌を処理して栄養をつける。そして、渡り直前になると今度は消化器官が小さくなり、筋肉量が増大する。飛ぶためにマッスルでムキムキな体になるのである。

また、夜間に渡りをする鳥の中には、その間だけ夜目《よめ》が強化されるものが見つかっている。夜間視力は色覚と引き換えだが、色を見る能力をある程度犠牲にしても、その時期だけは視界の確保を優先しているらしい。ちなみにウナギも産卵に向かう直前には目が大きくなるが、これもおそらく、深海を目指すからだ。

鳥にとってはかくも大事な渡りなのだが、残念ながら、なぜ渡りというものがあるのかは、よくわかっていない。繁殖地を広げるために移動した個体群が、冬の厳しさに耐えられずに「もといた場所に戻ろうとして」また移動するのが固定され、これを毎年繰り返している状態ではないか、という考えもある。最近の説では、餌の得やすい場所（餌が多いとかライバルが少ないとか）を求めて移動した結果だという説もある。渡りのエネルギー消費や生命の危険は極めて大きいが、それを考慮しても、餌の少ない場所で頑張るより良いというのだ。おそらく過去の気候も関わっているだろう。ウミガメの産卵回遊など、大陸移動による大西洋の拡大さえも関与していると言われている例がある。

とまあ、この項では渡りについて取りとめなく書いて来た。結局何が言いたいかというと、私だって千駄木あたりに何度も行けばランドマークを覚えて迷わなくなるし、身についた習性によって間違いなく辿り着けるようになるので、また誘って下さいねという……いや、なんでもありません。

フクロウ、平たい顔の秘密

昔々、染物屋のフクロウのところにカラスがやって来ました。カラスはああでもない、こうでもないといろんな注文をし、そのたびに色を塗り重ねたので、最後には真っ黒になってしまいました。カラスは今もフクロウを恨んでいます。

……という昔話が本当かどうかは知らないが、カラスが全力でフクロウを嫌っているのは事実である。

どれくらい嫌っているかというと、もうフクロウの形をしたもの、フクロウっぽい声で鳴くものは全て敵だ。もし姿が見えれば寄ってたかって袋叩きにする。実際、カラスにボコボコにされたフクロウが保護されることもあるくらいだ。某ネットショップの取り扱い商品にフクロウの模型があり、「カラス避《よ》けに！」と謳われていたのだが、購入者による商品レビューの中には「カラスがよけいに寄って来て困る」というのがあって笑ってしまった。

カラスがこれほどフクロウを嫌うのは、大型のフクロウがカラスにとって恐るべき天敵だからだ。

カラスを含め、昼間に活動する鳥類であっても、人間に「鳥目」呼ばわりされるほど夜目《よめ》が利かないわけではない。だが、夜行性のフクロウを相手にできるほどの能力はない。闇の中から襲って来るフクロウは、カラスにとってさえ、対処できない強敵なのである。

とはいえ、カラスを捕食できるほど大型の種というと、日本ではフクロウくらいである。ここで言う「フクロウ」はフクロウ科の中のフクロウという種、「ホーホー、ゴロスケホッホ」と鳴く、カラスくらいの大きさの鳥を指している。さらに大きいワシミミズクも強敵だが、これは日本には滅多にいない。にも関わらず、ハトほどの大きさしかないアオバズクや、もっと小さなコノハズクさえ嫌っているところを見ると、「大きさに関係なくフクロウっぽい奴は敵認定」なのだろう。

フクロウは妙な外見の鳥である。まず、顔が平たくて両目が前を向いているところが鳥らしくない。むしろ人間やネコの顔に似ている。ちなみに骨にしてしまえば多少は鳥っぽくなる。変な顔なのは、羽毛が平らな顔面を作っているからである。

フクロウの顔が平たい理由は二つある。一つは、両眼視できる範囲を広げて、正確に距離を測るためだ。一般に鳥の目は斜め前を向いているので、その視野は極めて広く、真後ろ以外は見えている。だが両眼視できるのは真正面の非常に狭い範囲だけである。フクロウの場合、視野そのものは１８０度程度と鳥にしては狭いが、両眼視できる範囲が70〜80度くらいあり、鳥類の中では抜群に広い。

もう一つは、平たい顔面で音を受け止め、耳に伝えるパラボラアンテナとしての機能である。フクロウは夜行性だけあって夜間視力が優れているが、それでも真っ暗闇では何も見えない。しかし、鋭敏な聴覚を使えば、暗闇でも獲物の方角を突き止めて狩りができるという。聴覚だけでは距離が判定できないはずだが、地面の様子くらいはぼんやりと見えているか、あるいは記憶に頼っているのだろう。

この能力と引き換えに、フクロウは側方から後方が全く見えない。それを補うために、顔をクルンと回すことがある。背中を向けて止まっているフクロウが突然、顔だけこっちを向いて、またヒョイと後ろ向きに戻ると、ちょっとびっくりする。前を向いたまま円を描くように顔を動かすこともある。ＥＸＩＬＥか君は。

こういうことができるのは、フクロウの首が外見からは想像できないほど長いからだ。というか、鳥はみんな、首が長いのである。普段はS字形に曲げていて、しかも上から羽毛が被さっているのでわからないだけだ。フクロウでなくても大概の鳥は頭をかなり後ろに向けることができるのだが（カモもハトも、寒い時は頭を後ろに向け、嘴を背中の羽毛に突っ込んで寝ている）、フクロウがやると、なんだか人間が首だけグリンと回したみたいで印象に残る。

首だけ真後ろを向くというと映画の悪魔憑《つ》きみたいだが、人間のイメージの中のフクロウはどちらかというと、賢者であった。例えば、古代ギリシャではアテナの、古代ローマではミネルヴァの象徴であり、どちらの女神も人に知恵を授けるとされている。妙に人間臭い顔で、半ば目を閉じてじっとしている姿が利口そうに見えるからだろう。ただし、本当に知能が高いのかどうかはよくわかっていない。鳥は全般に、かつて思われていたより高い知的能力を持っているようなのだが、きちんと調べようと思うとなかなか大変なのである。

さて、フクロウの仲間の名前は「～フクロウ」と「～ズク、あるいは～ミミズク」の2パターンがある。原則をいえば、頭が丸いのがフクロウ、「耳」がピョコンと飛び出しているのがミミズクだ。だが、あれは耳角《じかく》（もしくは耳羽《じう》）といって羽が伸びているだけで、耳ではない。耳は他の鳥と同じく、目の後ろにある。しかも、ミミズクの仲間は単系統ではなく、フクロウ科の中のいろいろな属に散らばっている。耳があったりなかったりするのは、分類の上ではそんなに大きな意味があるわけではなさそうである。第一、シマフクロウはフクロウと付くのに耳角があるし、アオバズクはズクと付いても耳角がない。名付け方もわりと適当である。

ただし、耳角は、彼ら自身にとってはちゃんと意味があるかもしれない。というのは、ちょっと面白い経験をしたことがあるからだ。

とある飼育施設を訪れた時のことだ。ここでは様々な鳥が放し飼いされていて、さらにケージ内にはフクロウ類もたくさんいた。私は放し飼いエリアで鳥の羽を拾い、最初はポケットに入れていたのだが、シャツにこすれて傷《いた》みそうなので手に持って歩いていた。だが、それも写真を撮るのに邪魔になるので、髪に突き刺した。私の髪は硬くてボサボサなので、何でもよく刺さる。学生時代は頭にペンを突き刺して調査していたこともある。

さて、フクロウエリアに入って、「カラフトフクロウの顔ってヘンだよなー」などと思いながら歩いていると、それまで眠そうにしていたワシミミズクが急に目を開けてこっちを見たのに気づいた。しかも首を巡らせて、移動する私をずっと視野に入れている。はて、なんでこいつだけ？　フクロウもカラフトフクロウもメンフクロウも、かったるそうに止まり木に止まってるだけだったぞ？

そこでハッと気づいた。この、頭に刺した羽のせいか？　大型で耳角のあるこいつだけがしきりに気にしているのは、この羽のせいで私が仲間みたいに見えるからか？　よし、実験だ！

私は急いで放し飼いエリアに出ると、羽をもう1枚拾った。そして、まずは羽を1枚もつけない状態で、ワシミミズクの前に立った。ワシミミズクは眠そうにこっちを見ているだけだ。そこで物陰に入って羽を2枚頭に刺し、もう一度ケージの前に立った。

途端、ワシミミズクが目を見開いた。そして、私の顔をまじまじと見た。ちょっと移動してみせると、目を真ん丸にしたまま、首を回してジーッとこちらを見る。離れようとすると、首を伸ばしてまだ見ている。

そこで一度部屋を出て羽を外し、また戻った。今度は、ワシミミズクはさっきのような反応を示さなかった。

ということで、ごく簡単な「実験のようなもの」をしただけであるが、頭にツノがあるのは仲間のサインであり、彼らにとって非常に気になるのだろう、と思っている。

フクロウは耳のいい鳥だが、同時に、物音を立てない鳥でもある。暗闇で獲物の音を聞いて狩りをするには、自分自身が音を立てると邪魔になる。また、獲物にも気づかれてしまう。フクロウは完全に気配を消して獲物に襲いかかる、ステルス戦闘機でもあるのだ。

実際、フクロウが飛ぶのを間近に見ると、なんだか不思議である。

かなり近い距離でフクロウが飛ぶのを何度か見たが、彼らは妙に飛び始めのモーションが大きい。そのくせ、そういった大きな羽ばたきなら聞こえそうな、バサバサいう羽音が一切なかった。何の音もしないので、余計に奇妙に見えるのである。むしろ、「あの大きさで、ジタバタしながら飛んでて、なんの音もしない→じゃあフクロウか?」と思ったくらいだ。ちなみにカラスが近くを飛んだ時は、バサバサはいわないが「ヒュンヒュンヒュン」という翼が風を切る音がよく聞こえる。無音ということはあり得ない。

フクロウが音もなく飛べるのには理由がある。フクロウ類の羽毛の表面には柔らかな毛が密生している。また、鋸《のこぎり》のようにギザギザになっている翼の前縁《ぜんえん》にある風切羽《かざきりばね》のエッジは、音を消すための特殊構造である。特に、羽毛の前縁にある凹凸は細かな渦流《かりゅう》を作り出し、気流が大きく乱れるのを防いでいると考えられている。

この構造は新幹線のパンタグラフにも取り入れられている。パンタグラフの後方で空気の流れが大きく乱れるとそのたびに気圧が変動し、「バババババッ」という騒音を立てるからだ。航空機やレーシングカーの空力対策にも使われる方法だが、新幹線については設計者が鳥好きな人で、フクロウをヒントに思いついたという。

私が勤務している博物館にあるフクロウ科の標本を片っ端からルーペで見てみると、アオバズクもコノハズクもコミミズクもトラフズクも、大きさや形の差はあるが、鋸状のギザギザが見られた。だが、1種だけ、羽毛の構造が違うように見えたのはシマフクロウである。標本が古くて傷んでしまっているだけかもしれないが、標本を見た限り、シマフクロウの羽にはギザギザがない。一方、体の大きさの似通ったワシミミズクには、鋸どころか櫛《くし》状になった立派な凹凸がある。これはなぜだ。

ワシミミズクは地上で鳥類や哺乳類を捕食するが、シマフクロウの主食は魚で、浅瀬に飛び込んで水中の魚を捉える。となると、ワシミミズクは音を消す意味があるが、シマフクロウは飛翔音を消してもあまり意味がなさそうだ。今のところ標本を一体ずつ見ただけで、こんなものは調べたうちに入らないが、餌の種類と消音機能の有無には、関連があるのだろう。

ではカラスは？　カラスの羽はこんな特殊な構造ではなく、まるっきり普通の羽である。だが、私の仕事には非常に役に立っている。博物館で働いていると、標本の手入れも仕事の一部である。カラスの羽が役立つのは、標本のメンテナンス用の掃除道具として、だ。

鳥の剝製《はくせい》を置いておくと埃《ほこり》が溜まってくるが、ブロワーで吹いたり掃除機で吸ったりすると羽毛を傷めてしまう。そこで、羽の流れにそって羽箒《はねぼうき》でそっと撫《な》でて埃を払う。この箒は何も、漫画家が消しゴムのカスを払うような立派な羽箒でなくてもよい。カラスの羽１本で十分なのである。

ということで、カラスの羽を拾ってはストックしておき、洗浄してから標本の手入れに使っている。

4章

そこにいる鳥、いない鳥

街の人気者、カササギ

私の研究対象はカラスだが、カラスを知るためには他の鳥のことも知っておく必要があるので、いろんな鳥を見るようにしている……などと優等生じみたことは言わない。単純に鳥好きなので、鳥がいたら見たいと思うだけだ。特に、そこにしかいない鳥なら是非とも見たい。ましてカラスの仲間なら、なおさらだ。

博多で開催された学会が終わって、京都に戻る前にどうしても寄りたいところがあった。佐賀県である。

寄り道どころか行って戻るコースになるが、大急ぎで回ればなんとかなる。私は電車に飛び乗り、佐賀県の吉野ヶ里遺跡を訪ねた。だが、目的は遺跡ではない。日本では佐賀県あたりにしかいない鳥、カササギを見るためである。

なぜ吉野ヶ里遺跡を目指したかというと、カササギは農地や開けた場所に林が混じるような環境が好きだと聞いたからだ。遺跡は駅から近いし、間違いなくたどりつけるし、ポスターを見る限りカササギのいそうな場所に見える。知らない土地で時間もないので、道に迷ったり、あちこち探したりしている暇はない。

カササギはハトくらいの大きさの、尾の長い鳥だ。身近な鳥だと、オナガの形に似ている。色はスマートな白黒模様。そして、カラス科である。ただしカラス属ではなくカササギ属なので、カラスの親戚ではあるが、カラスそのものではない。日本でカラス以外のカラス科の鳥というと他にはカケス、ルリカケス、オナガ、ホシガラスがいる。

さて、吉野ヶ里遺跡についたはいいが、滞在できる時間は約1時間。カササギを求めてうろつくも、なかなか見られない。これはもうダメかと思いながら、あたりを見回した。目の前には大きな高床式の建物があり、その屋根には鳥をかたどった飾りがついている。まるで銀閣寺の屋根に付けられた鳳凰《ほうおう》のようだが、はて、この時代の建造物にあんなものがあったか……？

そう思って双眼鏡を向けたら、それは飾りではなく、カササギだった。

カササギは見られているのに気づいたのか、「カシャカシャカシャ」と乾いた声を上げた。そして、白黒塗り分け模様の翼をパッと広げると、飛び去ってしまった。

これがカササギとの初めての出会いだった。

その後、台湾を旅行したら、台北市内のド真ん中でカササギに遭遇した。散歩していたら、普通にその辺を飛んでいたのである。中国では絵画の題材に使われることも多く、ごくポピュラーな鳥とは聞いていたが、それにしてもあまりにも「普通」だった。日本で必死になって弾丸ツアーを組んで見に行ったのが馬鹿馬鹿しいほどだ。

ヨーロッパでもカササギは普通の鳥だった。というか、街なかでゴミ漁《あさ》りをしているのは、カラスではなくてカササギなのだ。ハンガリーやスウェーデンの公園で長い尻尾を器用に跳ね上げたまま地面を歩き回り、せっせと何か漁っているのをよく見た。カササギはユーラシア大陸に広く分布する、ごくありふれた鳥なのである。

ところが、どういうわけか、日本には極めて限定的にしか分布しない。佐賀県を中心として、熊本県、長崎県、福岡県の一部にいる程度だ（後述するが、最近は北海道でも繁殖している）。九州の個体群の遺伝子は中国大陸のカササギによく似ているが、独自の変化をしている部分もあり、日本に来てからある程度時間がたっていると考えられる。遺伝子の変化速度を知るのは簡単ではないが、まあ百年とか千年の単位だろうか。何万年もたっていればもっと変化していてもおかしくない。

これを裏付けるような言い伝えがある。九州のカササギは、豊臣秀吉が朝鮮出兵の時に持ち帰ったもの、と言われているのである。佐賀県唐津市にある名護屋城は秀吉が大陸出兵の前線基地として築城したもので、確かにこの地は秀吉、あるいは朝鮮出兵と縁が深い。朝鮮出兵の際ではないとしても、九州はもともと大陸と関連が深いので、どこかの時点で大陸から持ち込まれたものなのだろう。

佐賀県ではカササギのことをカチガラスと呼んでいる。この名が「勝ちガラス」に通じて縁起がいいので、武将が日本に持ち帰った、とする伝承もある。だが、これはちょっと順序がおかしい。日本には漢籍を通じて、この鳥の存在自体は中国から伝わっており、平安時代から「かささぎ」として歌にも詠まれている。カチガラスという地方名がついたのは九州に来てから、せめて朝鮮半島でこの鳥を見てからではないのか。

おそらく、カチガラスの語源は韓国語である。韓国語でカササギのことをカッチと呼ぶので、「カッチというカラスっぽい鳥」の意味でカチガラスと呼んだのだろう。勝ちガラスに通じると考えたのは、それより後に違いない。カッチという名前は、おそらく「カシャカシャ」あるいは「カチカチ」と聞こえる鳴き声からつけられたのだと思う。

さてこのカササギ、韓国では非常に人気のある鳥である。幸運をもたらす鳥と言われ、韓国の国鳥でもある。街なかにもたくさんいる。韓国の研究者に「カササギがゴミを漁ることはないんですか」と聞いたら「いや、ゴミが荒らされていることはあるけど、それは野良猫かもしれないし！」と反論され、「あー、多分カササギもやってるけど、悪者にしたくないんだな」と思ったことがあった。また、正月にはカササギのためのご馳走をちゃんと皿に盛って置いておく風習もあると聞いた。さらに、庭の柿が実っても「全部取ってはいけない、カササギのために残しておきなさい」と言われるそうである。なんたる優しさ。日本におけるカラスの冷遇ぶりと比べると泣きそうだ。

ただし、カササギはしばしば電柱や列車の架線に営巣してショートの原因になるため、こればかりは撤去されるとのこと。カササギの巣は枝を積み上げたボール状の構造で、横向きに出入り口がある。そのため鳥のサイズに対して非常に大きい。

さて、カササギがこれほど人気なのは、中国の文化で古くから吉兆とされ、時に女神とも考えられて来たからだろう。また、七夕の夜、織姫と彦星のために天の川に橋をかけるのもカササギだ。そのためか、中国語では喜鵲と書く。日本語なら鵲だけで「カササギ」と読むのだが、中国にはこの仲間が何種もいるので、ナントカ鵲と呼び分ける必要がある。その中でわざわざ「喜」をつけたくらい縁起のいい鳥とみなされているわけだ。

ヨーロッパに行くと吉兆とはみなされていないが、ロッシーニのオペラ『泥棒かささぎ』があるくらいで、イタズラ者認定はされている（ちなみにこのオペラではカササギが銀のスプーンを盗んでしまう）。悪役というより、困ったちゃん扱いだろうか。ゴミは漁るし、屍肉もつつくし、鳥の卵も盗むし、やっていることはカラスと一緒だが、なんとなく憎めない役柄らしい。

日本では長らく九州の一部でしか繁殖しなかったカササギだが、最近は北海道の室蘭や苫小牧付近でも繁殖している。１９８０年代から目撃例があり、90年代には繁殖を始めたことがわかっている。このカササギはどこから来たのだろう？

研究によると、北海道のカササギの遺伝子は朝鮮半島のものとは少し違い、ロシアの個体群に極めて似ているという。となると、ロシアから来た鳥と考えていいだろう。では、日本海を越えてはるばる飛んで来たのだろうか？

　もちろん、その可能性もある。だが、カササギについてはもう一つ考えるべき経路がある。貨物船からの脱走だ。

　20年ほど前だが、新潟で2羽のカササギが相次いで目撃された。翌年、長野県で営巣したカササギがいたが、これも同じ2羽と見られている。このカササギは新潟港付近で見つかったのが最初で、入港していたロシアの貨物船から脱走した可能性が指摘されている。

　カササギは人によく馴れる鳥だ。船員がペットとして飼っていることもあっただろうし、船に降りて来たカササギに餌を与えて放し飼いにしていた可能性もある。そして、苫小牧はロシアの貨物船が寄港するところである。そうしたカササギがたまたま日本で船を降りてしまったこともあるだろう。他にもイエガラスという南アジア原産のカラスは主要な航路沿いに点々と分布があり、やはり密航によって分布が広がっている可能性が高い。

　もちろん、船から逃げ出すカササギがいたとしても、それは少数だろう。それがうまく出会って繁殖して定着したのか、あるいは時々ロシアから飛んで来る個体がいるのか、その両方なのか、それはわからない。繁殖していなくても目撃例は日本海側を中心に各地にあるので、海を越えての飛来も、否定はできないだろう。

　もう一つ、カササギが北海道に定着した理由について、面白い研究がある。カササギの餌に思わぬ形で人間が関わっていたのではないか、というものだ。

動物が何を食べているか知る方法はいくつかあるが、その中に安定同位体比を用いる方法がある。安定同位体というのは、同じ元素でありながら重さが違う、という存在だ。詳しい話は長くなるので省くが、動物の体内にある炭素、窒素の同位体比を調べることで、大もとの炭素の出どころが森林なのかトウモロコシなのか藻類《そうるい》なのか、あるいは食物連鎖の中でどのあたりの地位にいるか、を推定することができる。

で、北海道のカササギについて調べてみると、どうやら彼らの餌はひどく人間由来、はっきりいえば飼料穀物由来の肉に偏っている。といっても、肉屋を襲って肉を奪っていたわけではない。ペットフードである。研究結果からは、換羽《かんう》期で6割、繁殖期でも4割の餌がペットフードだと推測されている。

つまり、犬や猫、あるいは鳥に給餌するために置かれたペットフードが、まだ日本に来たばかりのカササギの重要な餌資源になっているのではないか、ということだ。

ところで、カササギの学名は *Pica pica* である。ピカ・ピカと読む。覚えやすいでしょ？ 学名はラテン語でつけることになっているが、ピカとはラテン語でカササギを指す。名付けたのは18世紀スウェーデンの博物学者、カール・リンネだ。リンネは分類体系に基づいた、属名と種小名からなるシステマティックな学名を提唱し、これが認められて世界に広まり、今も使われている（それまでも学名はあったが、形容詞がズラズラと並ぶ、非常に扱いにくいものだった）。学名は世界共通なので、どの国の研究者や鳥好きにも通じる、ことにはなっているが、日本人なら研究者であっても、自分の研究対象以外の生物の学名まで片っ端から覚えている人は、多くはないだろう。「梅に鶯」は「*Prunus mume* に *Horornis diphone*」だが、普通はなんのことやらわかるまい（私もウメの学名はたった今調べた）。

さて、カール・リンネの母校であり、教鞭もとっていたウプサラ大学に仕事で出張した時だ。大学の裏手の公園で鳥を見ていたら、一人の老人に出会った。話し相手がほしかったらしい老人と世間話をしていると、ゴミ箱に1羽のカササギが舞い降りて来た。彼はそれを指差して、こともなげに「ピカ・ピカだ。知ってるか」と言ったのである！

さすが、リンネゆかりの地ではみんな学名に詳しいのかと感心したのだった。

恐竜に出会う方法

40年前がどんな世界だったか、覚えているだろうか。私の実家の前の道が舗装されてから数年。テレビ（まだチャンネルをガチャガチャ回すやつだ！）では夏目雅子と堺正章たちが天竺《てんじく》へ向かい、星野鉄郎は銀河鉄道に乗って旅立ち、喫茶店のテーブルにスペースインベーダーが来襲し、ピンク・レディーが「ＵＦＯ」の一言で視聴者のハートをアブダクションした。

そして、この時代の図鑑によると、恐竜はゴジラのように尻尾を引きずって立ち、体は灰色か茶色か緑色で、腰のあたりにある神経節に助けられて巨大すぎる体をなんとか動かす、ドンくさい生き物であった。

だがその頃、ロバート・Ｔ・バッカーやジョン・オストロムの研究を中心として、「恐竜ルネッサンス」、つまり従来の恐竜観を覆《くつがえ》す動きが進行していた。それから20年ほどすると、恐竜に関する常識は一変した。まず、恐竜は尻尾を引きずらなくなった。体を水平に保ち、尻尾をピンと伸ばしてバランスを取り、足早に闊歩《かっぽ》する活発な動物で、時に集団で狩りをし、自分より大きな恐竜に飛びかかって切り裂き、巣にしゃがみこんで卵を守る、そんな生き物だと認識されるようになっていた。最終的に、このような恐竜の姿を世の隅々まで広めたのは1本の映画――いうまでもなく、『ジュラシック・パーク』である。まあ、あの恐竜像はちょっと革新的すぎで、さすがにティラノサウルスはジープを追い回せるほど速くは走れなかったようだし、ヴェロキラプトルの足の爪も獲物を「切り裂く」ほどの強度はなかったようだが。

そして現在、恐竜は絶滅してなんかいない、という認識になっている。いわゆる「恐竜」は、学術の場ではNon-avian dinosaur つまり「非鳥類型恐竜」と呼ばれる。では非鳥類型恐竜ではない恐竜、いわば「鳥類型恐竜」とは？　そう、鳥そのものだ。

鳥の先祖が爬虫類であることは昔からわかっていたが、果たして恐竜から分かれたのか、恐竜類とは別の爬虫類から鳥の先祖が分岐したのかはわかっていなかった。だが現在、化石や分子生物学の研究が進んだ結果、鳥は恐竜から直接に進化した動物だと認識されている。

だから、恐竜の一部は鳥と呼ばれて生き残っている、と言っても間違いではない。これは言葉遊びではなく、分岐分類学の考え方に立てば、こういうことになってしまうのである。恐竜というグループから伸びた一本の枝、それが鳥類であり、現代も生き残っているからといって鳥類だけを特別視する必要はない。現在、恐竜がいないから、「鳥」を独立した一つのグループとして慣例的に扱っているにすぎない。

ということで、今朝、出勤途中に見た、電線に止まって「カア」と鳴いていた生物は恐竜である。道路脇の草の種をつついていた茶色いのも、水面に浮かんでいた連中も、恐竜である。公園でベンチに座っていると「クルックー」と鳴きながら寄ってくるのも、恐竜である。

さて、「鳥は恐竜だ」という見解を後押ししたのが、羽毛恐竜の発見だ。最初、羽毛というのは鳥類に特有な、極めて特殊な構造だと思われていた。だからこそ始祖鳥《しそちょう》(*Archaeopteryx lithographica*) が羽毛の痕跡を留めた化石として発見された時、「羽毛があるのは鳥だけのはずだ、ならばこれは鳥ではないか」と判断されたのである。正直、羽毛がなければ「変に前足の指が長い恐竜」にしか見えない。実際、羽毛の痕跡が見つからなかったため恐竜だと思われていた標本が、後に始祖鳥だとわかった例まである。ちなみに、始祖鳥の学名にある「リトグラフィカ」は「石版画《リトグラフ》の」という意味。石版用の粘板岩《ねんばんがん》を切り出している場所でパカンと岩を割ったところ、それ自体が石版画のように、化石が見つかったからである。

さて、始祖鳥は「恐竜のようなのに羽が生えている珍しい奴」として知られるようになった。そして、祖先種から別の形に進化しつつある種、すなわち進化における中間種の絶好の例とされた。ところが、現在では、羽毛を持っている恐竜や、恐竜っぽい鳥は少なくなかったことがわかってしまっている。となると、その中で始祖鳥だけが特別扱いされる理由はない。今や、始祖鳥の地位は「鳥の祖先はあんな感じだったのかもしれないけど、直系の祖先そのものではないんじゃない？」くらいにまで下落している。宇宙物理学者のフレッド・ホイルには「出来過ぎだから偽物じゃないのか」とまで難癖をつけられた始祖鳥の化石だが、あれがフェイクだというなら、詐欺師だか御用学者だかはもう全力でありとあらゆる恐竜化石に羽毛の痕跡をつけて捏造《ねつぞう》しまくっていることになる。

ちなみにこのホイルという人、地球上で偶然にも生体分子ができあがる確率は「竜巻きで巻き上げられた部品からボーイング７４７ができるより低い」として、生命の地球上での自然発生を否定している。彼はパンスペルミア説、つまり宇宙にばら撒《ま》かれた生命のタネが地球に到着したという説を支持したが、その生命のタネがどうやって発生したかを考えると夜も眠れない。どうしよう（生命のもととなった物質が地球外に起源を持つという可能性は確かにあるのだが、自然発生を否定するのは困難である）。本業の宇宙物理学では定常宇宙論を唱えてビッグバン説と真っ向対立しているし、逆張りしては自爆するのが好きな、ロックな人だったのかもしれない。

さて、１９９０年代以降、始祖鳥どころか純然たる恐竜、どう見たって空なんか飛びそうにない奴らにまで、羽毛が見つかり始めた。身軽そうなドロマエオサウルス類（デイノニクスやヴェロキラプトルなどを含む、小柄で敏捷な肉食恐竜のグループ）に羽毛があったとしてもまだ許せるが、驚いたことに、大型の肉食恐竜、ティラノサウルスにさえ（少なくとも幼体には）羽毛があったかもしれないという説がある。ティラノサウルスといえば大きいもので全長10メートル以上、頭だけでも1・5メートルもあり、その口には最大18センチもの牙が並ぶという怪物だ。

もちろん、もし羽があったとしても、現生の鳥のように立派なものとは限らない。中国で発見されたシノサウロプテリクスの羽毛は毛のようなものだ。一方、ヴェロキラプトルの上腕骨には、現生の鳥類と同様に羽毛の付着部と思われる凹凸があり、しっかり羽が生えていた可能性が高い（飛べたとは思わないが）。しかし……恐怖のT・レックスの赤ん坊が猛禽の雛のようなモコモコの綿毛に包まれて「ピイピイ」と鳴きながら餌をねだっている姿を想像すると、かわいいというべきか気色悪いというべきか？　もちろんその餌ってのは、食いちぎった他の恐竜だったり、不幸にして襲われたジュラシック・パークの職員だったりするはずである。

いずれにせよ、鳥のような恐竜と、恐竜のような鳥の境目は極めて曖昧で、その区別は困難だ。恐竜の中のどれが鳥の直系の祖先かについてはまだ議論があるにせよ、恐竜と鳥が進化の上で密接に繋がっていることは、ほぼ疑う余地がないだろう。

もちろん、恐竜というのは非常に多様なグループであり、鳥の直接の祖先は、そのごく一部にすぎない。哺乳類にはクジラもいればネズミもいるように、恐竜の一部が鳥っぽかったからって、全ての恐竜が同じように鳥っぽいとは限らないだろう。だが、「恐竜の少なくとも一部は、かなり鳥っぽかった」とは言える。となると、恐竜を考える時、必ずしもワニやオオトカゲを思い描かなくてもいい。鳥だと思ったたっていいのである。

鳥を見ていて恐竜を感じることは、時々ある（正確に言えば「恐竜とはかくもあるらん」と思いを巡らせる、だ。恐竜を見たことはない）。例えば、大きなカエルをバクッとくわえ、ヒョイヒョイとくわえなおし、頭から「げろん」と一気飲みするアオサギ。あのキョトンと丸いくせに何を考えているかわからない目つきや、耳まで裂けた口は、なかなか油断ならない。目について言えば、鳥の目はだいたい怖いのである。メジロだっていいかげん目つきは悪い。「メジロちゃん、かわいー」などというのは、目の周囲の白いアイリングに騙《だま》されているだけである。嘘だと思ったら、うんとアップでメジロの目を覗き込んでみるといい。アーモンド型の褐色の虹彩の中から、黒い点のような瞳があなたを見下ろしているはずだ。あなたがメジロを覗き込むとき、メジロもまたあなたを覗き込む。

だいぶ前、天王寺動物園を訪れた時だ。広い放飼場《ほうしじょう》があって、1羽のでっかい鳥が歩いていた。体は黒い羽毛に覆われ、むき出しの首から頭にかけては真っ青で、頭のてっぺんには烏帽子《えぼし》のようなトサカがあり、ぶっとい足をヒョイ、ヒョイと進めるたびに、首の途中の赤い肉垂《にくすい》がぶらぶらしていた。

こいつはヒクイドリ、オーストラリアとニューギニアにいる大型の飛べない鳥だ。全長は2メートル近く、体重は50キロ以上、ダチョウに次いで重い。生息地に行けば、こんなのが熱帯の密林の中を歩いているのである。

私は放飼場の柵に近づいた。ヒクイドリは赤い目をギョロリと動かしてこっちを見ると、体の向きを変え、ノシノシとこっちに迫ってきた。のみならず、ぶわっと羽毛をふくらませ、カッと口を開けた。赤っぽい口と青い首、そして黒い体のコントラストが目の前に広がる。前かがみなので身長はそこまで高くないが、丸く瞬《まばた》きをしない目で見据えたまま向かってくるその姿は、まさに「恐竜」だった。そう、私は恐竜の生き残りに威嚇されたのである。その迫力たるや、人間が勝てるものではなかった。私はちょっと距離をあけて見物することにした。

多分、実際の恐竜も、あんな感じの生き物だったのだろうと思っている。ただし、ヒクイドリは果実食が主体の雑食性で、大きな動物は捕食しない。だから怒らせない限りは人間を襲ったりしないが、肉食恐竜なら、人間を見た瞬間に餌扱いしかねない。鳥が獲物を食べる時どうするかを考えると、これは戦慄すべき事態だ。猛禽ならまだいい。彼らは強力な爪を叩き込むか、嘴で頸椎を噛み砕いて獲物を即死させる。怖いのはもっと小さくて力のない鳥だ。スズメは青虫を捕まえると嬉しそうにビッタンビッタンと道路に叩きつけてペッチャンコにし、中身だけチルチル吸っていたりする。カワセミは暴れる小魚の尻尾をくわえ、力一杯振り回して枝に脳天を叩きつける。そしてカラスなら、相手が動かなくなるまで首筋をつついて、最後は頭を引きちぎる。

もし恐竜も似たような流儀を持っていたなら、同じ時代に生きていなくて本当に良かったと思う次第である。

映画『ジュラシック・パーク』のラストシーンは極めて象徴的だ。さんざん恐竜に追い回され、命からがらヘリコプターで脱出すると、夕日を浴びて編隊を組んで飛ぶプテラノドンの群れが！……と思わせて、ペリカンの群れ。「ああ、日常に帰ってきた！」あるいは「鳥でよかった！」と思ってから、「でもプテラノドンが飛び回る姿、見てみたかったな」とも思わせる心憎い演出だ。

そして、「鳥って要するに、現代に生き残った恐竜だよね」という意味でもあると思う。

不思議の国のドードー

京都大学のすぐそば、百万遍交差点から少し北に行ったところに、「ミック」という、（京大生の間では）伝説的なバーがあった。数年前にマスターが亡くなって閉店したとのことだが、私がちょいちょいミックにいた大学生の頃に、「20年以上前からある」と言われていた。そして、70年代に迷い込んだようなこの店の、小さな看板にはこう書いてあった。

「ＭＩＣＫ アリスの落ちた穴の底」

『不思議の国のアリス』にはドードーというおかしな鳥が出てくる。挿絵を見るとあまりにも珍妙なので架空の生き物にしか見えないが、これはかつてマスカリン諸島（国でいえばモーリシャス共和国あたり）にいた、実在の鳥だ。

マスカリン諸島はマダガスカル島の少し東、インド洋に浮かぶ。無人島だったが、15世紀にインド系、マレー系の人々がやって来て、１５０７年にはポルトガル人が喜望峰を回ってこの島に到達した。そして、この島に上陸した人々は、ノコノコ歩き回る、飛べない鳥たちを発見した。これがドードーであった。公式記録として現れるのは、１５９８年のオランダ人の航海日誌である。その記録によると、煮込むと肉が固くなるが、塩漬けにして保存食として重宝したという（一方で非常にまずいという記述もある）。

実に残念なことだが、歴史的に、飛べない鳥を見つけた人間のやることは一つ。とりあえず殴り殺してみるのだ。とはいえ、当時の船の食糧事情の劣悪さを考えれば情状酌量の余地はある、としなければなるまい。なにせ冷蔵設備のなかった時代のこと、船に積みこめるのは塩漬けの豚肉とビスケットくらいだった。ちなみにこのビスケットは「乾パン」と呼ぶ方が正しく、うっかり噛むと歯が折れそうな硬さであったという。にも関わらず、そんな代物にさえウジが湧いた。塩漬け肉もウジがたかって半分腐ったような代物だったし、水さえもどんより濁ってボウフラが湧き、飲めたものではなかった。こんな航海をしていれば、久しぶりの生鮮食料を何としても手に入れたい気持ちも、わからないわけではない（船によっては牛や羊を飼っていたが、大型船に限られるし、屠畜したら保存が効かないのは同じだし、水夫にまで肉が行き渡るとも限らない）。

まあ、だとしても、人間はあちこちでやりすぎたと思うが。

さて、ドードーは少なくとも3種いたようだ。一番有名なのはモーリシャスドードーという種だ。シチメンチョウくらいというからニワトリよりもずっと大きく、挿絵を見ると、でっぷりと太っている（ただし、野生状態でもそうなのか、飼育下で描いたものかは不明）。翼は小さく、尾羽はほとんどない。顔は大部分が裸出《らしゅつ》しているので、太りすぎたカツオドリみたいに見える。森に住んでいるが飛ぶことは全くできず、人を恐れず、集団で地上に営巣していたという。他の2種、ロドリゲスドードーとレユニオンドードーも、飛べない鳥で地上性だったのは同じだ。外敵のいない島なので、飛んで逃げる必要などなかったらしい。

となると、これはもう「食べてください」と言わんばかりの状態だ。かくして、船乗りたちがモーリシャスに立ち寄ってはドードーを獲って行くのが常態化した。問題はそれだけではない。船が寄港すると、もれなく付いてくるものがいくつかある。ネズミ、イヌ、ネコ、時にイタチだ。船にはネズミが住み着いているものだし、そのネズミ対策として、イヌ、ネコ、イタチなどが飼われていることは多い。そして、陸地に到着すると、こういった動物が逃げ出して野生化する。イヌ、ネコ、イタチはまるっきり捕食動物だし、ネズミも卵や雛を襲って食べる。実際、海鳥のコロニーでは雛がネズミに食い殺される例がしばしばある。さらに人間が持ち込んだ豚までもが卵を食べてしまった。

加えて、燃料用やサトウキビ栽培のために森林も伐採されていった。この結果、ドードーは住む場所を失い、成鳥も雛も卵もどんどん食べられてしまった。かくして、野生のドードーの目撃記録は1681年を最後になくなった。マスカリン諸島をヨーロッパ人が発見したのが1507年、ドードーを見つけたのがいつかはわからないが、長くても200年足らず、へたすると100年でドードーは絶滅に追い込まれたことになる。

ということで謎の多いドードーだが、分類上も謎の存在だった。なにせ似た鳥がどこにもいないのだ。飛べないからダチョウではないか、いやこの顔はハゲワシ？　待て待てペンギンかも？　などと様々な説が出たが、現在もっとも有力な説としてはハトの仲間だとされている。どこが⁈という気もするが、ミトコンドリアＤＮＡの比較ではハトが一番近縁とのこと。

ところで、この文章の中でドードーの外見について「挿絵を見ると」と曖昧な書き方をした。というのも、ドードーの完全な剝製《はくせい》は一体たりとも残っていないからだ。挿絵はたくさんあるが、必ずしも実物を見て書いているとは限らず、信用のおけるものが少ない。

さて、絶滅からだいぶたった１８００年代にルイス・キャロルが『不思議の国のアリス』にドードーを登場させた。キャロルはオックスフォード大に勤めていたので、同大の博物館にあった標本を見たようだ。この時代にイギリスがモーリシャスを占領し、フランス領からイギリス領にしたせいもあるだろう。この時代には、どうやら「マヌケな奴」の代名詞として広まっていたようである。ドードーという言葉はポルトガル語の「間抜け」から来ているという説もあり、日本で言えば「アホウドリ」のようなありがたくない名前をつけられていた模様。ちなみに映画『ファンタスティック・ビーストと魔法使いの旅』に登場するディリコールという魔法生物もドードーが元ネタである（というか、人間たちがこれをドードーと名付けていた、ということになっている）。英国にはドードーがよく似合う。

ところが、ルイス・キャロルが見た標本も、まともな状態ではなかったはずだ。イギリスにかろうじて残っていた1体の剝製は1755年には虫食いでひどい状態になり、処分されてしまった。残ったのは、頭と足など、ごく一部である（骨格標本はわりと残っている）。一説には、あまりのひどさに一度は捨てられたものの「いかん、あれは貴重品だ！」と気づいた学芸員が焼却炉から引っ張り出した燃え残りだとさえ言われている。

というわけで、標本というのはきちんと残しておかないと、そしてできれば、いろんなところに残しておかないと、何かあった時に失われて二度と手に入らない。博物館に勤める身としてお願いするが、国や全国の自治体のみなさん、「そんな標本なんていくらでもあるじゃないか」などと言わず、博物館がコレクションを後世に残すための金はケチらないでくださいね。

もちろん、失われたら戻ってこないのは、命ある生物の方が深刻だ。当時のとある博物学者は「ドードーは役に立たないから絶滅しても問題ない」などと書いていたらしいが、そういう人が博物学なんかやってはいけない。博物学とは全ての存在に対する偏執的な愛が原点であるはずだ。

ドードーに限らず、人間が皆殺しにした生き物はいくつもある。アホウドリ（これは幸いにして生き残っていたが）、リョコウバト、カロライナインコ、オオウミガラス、ステラーカイギュウ……いや、あまり例を挙げるのはやめておく。書いている私の気分がどんどん沈んでいって、中島みゆきの『エレーン』を口ずさみたくなるからである。

それはともかく、ある生物種が絶滅するだけでも十分に問題だが、事態はそれだけにとどまらない。モーリシャスにはタンバラコクという樹木があるのだが、現存する個体数が極めて少ない上、なかなか増えない。実はつけるのだが、それが芽吹かないからである。今残っている木が枯れてしまったら、もう後がない。

これについて面白い説がある。この植物の実は、ドードーに食べられることで初めて発芽する、鳥散布種子《とりさんぷしゅし》だったのではないか、というものだ。果実の中には鳥の消化管を通ることで発芽が促進されるものがあるのだ。タンバラコクも、実験的に鳥に食べさせるとちゃんと発芽したという。ただし、この研究は対照実験や査読が不十分だという指摘もあるようなので、今のところ、興味深い仮説というに留めておこう。だが、これが事実なら、ドードーと共生関係にあった植物も、ドードーと運命を共にしようとしている、ということになる。このように、生物は生態系の中でつながりあっている。特に生態系の構成者が多くない環境の場合、たとえ一種でもいなくなってしまうと、生態系全体を揺るがすほどの影響を与える場合すらある。

もう一つ、ドードーには妙な噂がある。それは、ドードーの研究者は早死にする、というものだ。

実は私、ドードーの骨を手にとって見たことがある。山階《やましな》鳥類研究所にドードーの骨の一部、およびそのレプリカが保管されているからだ。普段はおいそれと触《さわ》れるようなものではないが、私の勤務する博物館で山階の標本を借用して展示させて頂いた中にドードーの骨があり、展示設営のためにやむをえず触れさせていただいたのである。暗い飴色の上腕骨と中足骨は黙して語らず、ただ展示台の上にコロンと横たわるだけだった。

　日本にドードーの骨があるのは、蜂須《はちす》賀《か》正氏《まさうじ》という鳥類学者がドードーを研究したからだ。この人、元徳島藩主・蜂須賀家の18代当主で、父親は侯爵で貴族院副議長、母親は徳川慶喜の四女というとんでもない出自。当時は「殿様鳥類学」の時代で、貴族や士族が鳥類学の中心にいたのである。彼はケンブリッジ大学に留学したが、政治学を修めるはずが鳥類学に没頭し、動物学者であったウォルター・ロスチャイルド（あの大富豪、ロスチャイルド家の御曹司である）と友達になり、世界中を探検して回った。冒険のために飛行機の操縦を学び、日本に戻ったと思えばフィリピンに有尾《ゆうび》人《じん》を探しに行き、１９３０年にはベルギーの探検隊に参加してアフリカに行き、日本人としては初めて野生のゴリラを見た。実に精力的というか、やっていることがほとんどインディ・ジョーンズかララ・クロフトである。そして１９５３年、長年の研究をまとめた『ドードーとその一族、またはマスカリン群島の絶滅鳥について』という論文で博士号を取得するのだが、その論文の見本が刷りあがる直前、狭心症で急死。50歳であった。そして、研究資料の一部が山階鳥類研究所に寄贈されたのである。

　ということで、鳥類学の世界では「ドードーに手を出すと呪われる」などと言われているのだが、では具体的にどなたが亡くなったかというと、ビッグネームは蜂須賀正氏くらいしか思い浮かばない。一体どこから来た噂なのだろう？　第一、私だって既にドードーの骨に触ってしまったし、この章を書くために文献を探して読んだりもしているのだ。もしドードーの呪いなんてものがあるなら、私も……。

今、誰もいない夜の博物館《ナイト・ミュージアム》で原稿を書いているのだが、ドアの向こうに見たこともない太った鳥が歩いていたらどうしよう？

台風と鳥

２０１９年秋、毎週のように日本を襲った台風と大雨は甚大《じんだい》な被害をもたらした。各地で亡くなった方、避難生活を余儀なくされた方も多くいることを考えると、心からお悔やみ申し上げるしかない。幸いにして私の居住地は大きな被害がなかったが、いつでも逃げ出せるようザックに荷物を詰め、水位速報を注視していた。友人の実家あたりも出水《しゅっすい》に見舞われたし、非常勤で行っている大学は浸水した。

一方、台風が過ぎると、ここぞとばかりにで出かけてゆく人種がいる。一つは化石屋さんで、出水で崖がえぐられると新たな化石が顔を出していることがあるからだ。もう一つが、ディープなバードウォッチャーである。

台風は南方海上から強烈な風とともにやって来る。この風に巻き込まれてしまった鳥は、当然、本来の進路や生息域を外れ、吹き流されてしまう。そして、ついに日本に到達することもある。というわけで、台風直後は珍鳥を見るチャンスなのだ。

例えば２０１９年の台風10号の後、静岡県掛川市でセグロアジサシが見つかっている。本来はマリアナ諸島から小笠原諸島あたりに分布する鳥だ。それ以外にも、台風の後でコシジロウミツバメが狭山湖に現れたとか、どこぞに珍しいシギがやってきたとかいう話を聞く。江戸時代の博物図譜である『梅園禽譜』にも、嵐の後で小石川に降りて（落ちて？）いたというアホウドリの図が載っている。この図はありがたいことに翼の各部の寸法が記載されており、そこから判断すると、どうやらクロアシアホウドリではなくアホウドリの幼鳥である。博物館を舞台にした漫画『へんなものみっけ！』（早良朋著・小学館）にも、台風の後、一度だけ見た「ツバメの王様」ことオオグンカンドリを探しにゆくエピソードがある。オオグンカンドリは熱帯域に暮らす海鳥だ。鋭く尖った細長い翼と、深く二叉《にさ》した長い尾を持ち、そのシルエットは確かにツバメ的であるが、翼開長は２メートルを超える。なるほど、ツバメの王様。

ドイツ語でシュトゥルムフォーゲル、すなわち「嵐の鳥」と呼ばれるのはウミツバメだ。彼らは沖合を飛び回って餌を探すが、強風が吹き荒れると、風を避けて沿岸にやって来る。沿岸なら波風を避けられる場所もあるし、最悪の場合は着地してやり過ごせばいい。手近に島がなければ、航行中の船に逃げ込んで来ることまである。よって、船乗りはウミツバメが姿を見せるのを嵐の前兆と考えたのだ。英語でもストーム・ペトレルと呼ばれている。ちなみにシュトゥルムフォーゲルにはもう一つ、メッサーシュミットＭｅ２６２ジェット戦闘機の戦闘爆撃型のニックネーム、という注目すべき意味もあるのだが、そこはあまり触れないことにする。

台風シーズンは秋の渡りとも重なることがある。これは渡り鳥に様々な影響を与えるはずだ。

まず、風向きや風の強さだ。渡り鳥、特に経験を積んだ成鳥は、巧みに風を読んで追い風で飛ぶことが知られている。だいぶ前だが、タカの群れが渡りのために集まることで有名な愛知県伊良湖《いらご》岬を訪れた時、まさに激しい雨が上がったその日に、壮大なタカ柱が見られた。タカ柱というのは、上昇気流に乗って猛禽が次々に旋回上昇し、まるで巨大な円柱のようになることを指す。そんな大きな群れを作るのは主に2種、冬季は東南アジアへ渡る、サシバとハチクマという猛禽だ。近年はすっかり群れが小さくなったとのことだったが、あの日は、それなりの「タカ柱」が立ったのだ。我々は見なかったが、かなりのレア物であるオジロワシの幼鳥も出たということだった。ヒヨドリの群がいくつも、海上に飛び出して行くのも見た。風雨が強い間、付近で待機して風待ちしていた鳥たちが一斉に飛んだのだ。鳥の渡りにとって、天候の予測も重要である。

幸いにして、鳥は気圧を感知できるし、人には聞こえない低周波音も探知することができる。打ち寄せる波や、山脈にぶつかる風は低周波音を作り出すので、文字通り風の声を聞いて、嵐の接近を知るのだろう。

アメリカでの研究だが、ノドジロシトドというホオジロ科の小鳥は、ハリケーンが近づくと秋の渡りを早める。彼らは気圧の低下に伴って、例年より早く越冬地に飛び立つことがわかった。

うまい具合に、ハリケーンに対して鳥がどういう進路を取ったかが、アメリカで記録されたことがある。チュウシャクシギというハトくらいの大きさのシギの仲間で、渡りを調査するために衛星発信機を取り付けていたのでリアルタイムで鳥の居場所がわかった、という例だ。

その結果を解析すると、個体によって対応は様々だったようである。うまく低気圧を避けて飛んだ個体もいたが、わざわざ飛び込んでしまった個体もいた。しかも、最も危険な北東四《し》分円《ぶんえん》（北半球では低気圧の回転方向と進行方向が合わさり、中心の北東側がもっとも風速が大きくなる）にだ。嵐を乗り切れず、そのまま信号が途絶えた個体もいた。

ホープと名付けられた個体に至っては、越冬地に向かう途中、カナダのノバスコシア沖で嵐に突っ込み、なんと27時間にわたって、凄まじい向かい風に逆らって飛び続けた。向かい風と差し引きするとその前進速度は時速11キロでしかなかったのだが、とにかくホープは無事に嵐を飛び抜けた。ところが、今度は秒速40メートルにも達する強烈な吹き返しの風に流されてしまった。それでもホープは無事に着陸できたのだが、その場所は嵐に飛び込んだ場所から数百キロメートル西の、マサチューセッツ州ケープ・コッドだった。皮肉にも、ここはホープが嵐に出会う直前に飛び立ったところである。この鳥は嵐を相手に戦い抜いたものの、振り出しに戻ってしまったのであった。

チョウシャクシギはそれなりに大きく、飛行速度も高い鳥なので、向かい風と戦うこともできた。だが、もっと小さな鳥なら、台風の目に捕まったまま、一緒に流されて行ってしまうこともある。これが冒頭に書いたような、バードウォッチャーを狂喜させる珍鳥がやって来る理由だ。

とはいえ、渡り鳥にも風を読んで飛ぶのをやめる時はある。渡らない鳥なら、なおのこと、どこかに身を隠して嵐をやり過ごす方が賢い。人間が台風の際に不要不急な外出を控えるのと同じである。多くの場合、彼らはよく茂った藪や樹木の中に逃げ込み、幹の風下側に回って風雨を避ける。残念だが、彼らは飛んで逃げられることを優先するせいか、哺乳類のように物陰に潜り込むということをめったにしない。あとは羽毛のもつ防水性と保温性だけが頼りだ。木立の下で雨をやり過ごすのは私も調査中によくやったが、吹きっさらしよりはよっぽどマシであるものの、屋根の下に比べればそりゃ辛いものである。

かくして、時に台風は鳥たちに壊滅的な打撃を与える。2019年の台風15号の後、埼玉県を中心に、スズメが大量に死んでいるのが見つかった。その数は合計で3000羽にもなる。多数死んだ場所とそうでもない場所があるのだが、おそらく、集団ねぐらの場所が悪くて、風雨を避けきれないまま凍死してしまったのだろう。

2005年にカナダを襲ったハリケーンにより、700羽以上のアマツバメの死骸が見つかったこともあった。アマツバメは小さいとはいえ、極めて高速で飛び回る飛行家だということを考えると、嵐の恐ろしさがよくわかる。だが、これは発見された死骸の数にすぎない。翌年の調査では、その繁殖地のアマツバメの個体数はほぼ半減していたのである。もちろんハリケーンで死んだせい「だけ」とは言えないが、大きな爪痕を残すこともありそうだ、とは言えるだろう。

とはいえ——これは河川の出水や決壊が続いた後では言いにくいことなのだが——増水による撹乱が、鳥にとって重要である場合もある。河川敷に暮らす、チドリのような鳥たちだ。チドリは河川敷の裸地《らち》、せいぜい「多少草が生えている」程度の環境に暮らす鳥である。営巣も砂礫《されき》の上だし、餌を採るのも水際あたりだ。面白いことに、水際に植生が発達してくると、チドリはそこで採餌するのを避けるようになる。彼らは開けて見通しのいい場所が好きらしく、草むらで視界が遮られるのを好まないのだろう。

だが、自然には草刈りをしてくれるものはいない。放っておけば砂州《さす》は草むらに覆われ、やがて樹林が発達してくる。ところが、その前に、大雨と大水がやってくる。

一挙に水かさを増した川は草も木も飲み込み、それどころか砂礫を押し流し、地形そのものを変えてしまう。植生は水に押し流され、砂州ごと削られ、上流から運ばれた新たな土砂に埋められて、跡形もなく消えてしまうことさえある。こうして、川はその流路を変え、フレッシュな砂州も誕生する。ここに真っ先に戻って来て住み着くのが、チドリだ。

年に数回はちょっとした洪水が、数年に一度は大洪水が起こって、何もかもご破算にしてイチからやり直し、という生活が彼らのデフォルトなのだ。

もちろん、洪水の間はチドリも川にはいられない。その間、彼らは堤防の上や周辺の水田に避難している。人間が堤防を作って河川を固定する前は、川の流れは洪水のたびに気ままに変わり、周囲に大きな低湿地を伴っていただろう。そういった背後の環境まで含めて、チドリの生息場だったはずだ。

そういった環境を残しつつ、人間の生命や財産を守るのはとても難しい。河川周辺に十分に広い幅を残して堤防を作り、「堤外《ていがい》」（河川工学の用語では、人が住んでいるところが堤内で、川が流れている側が堤外だ）は自由に氾濫できるが堤防を超えることはない……といった設計にできればいいのだろうが、現状の土地利用のままでは困難だろう。しかし、河川には河川のダイナミズム、破壊と再生を繰り返すという日常があり、その条件に合わせて進化した生物がいるというのも、事実なのだ。

地球温暖化、というか気候変動が起こることはほぼ確実だというのが、世界の研究者のコンセンサスである。気象に関わる様々なパラメータが刻々と関連しあいながら変化するため、その予測はなかなかうまくいかないが、大まかに言えばこれから数十年で気温は最大3度ほど上昇し、日本付近では海水温の上昇から、台風がより大きく強力になることが予想される。「去年と同じ今年は来ない」、つまり過去の教訓が活かせないのが気象変動の恐ろしさだが、長い年月をかけて進化した渡りルートと、経験で覚えた飛行術に頼る鳥たちは、今後の変動にどう対応してゆくのだろう。むろん、彼らは過去数千万年にわたって気候の変化を乗り切ってきたのだから、そういう意味では、人間よりタフだ。とはいえ、気候変動が多分に人間の活動のせいならば、いささか気が咎《とが》める。

だが、変えてしまった気候を戻す術《すべ》を、我々は持たない。できるのは、せめて変動の幅が小さくなるよう努力することと、自身が死なないように工夫するくらいのことだろう。

気候が変わった場合、鳥は生息域をずらして対応することもできる。大陸を越えて飛んでゆくこともできる。むしろ心配なのは、所有権や産業構造や国境というバリアにがんじがらめにされた、人間の方かもしれない。

5章

やっぱりカラスでしょ！

カラスに蹴られたい

　どこの誰かは知らないけれど、誰もがみんな知っているのは月光仮面だが（しまった、このネタは古すぎてみんな知らないかもしれない）、カラスもこれに近いところがある。誰もが知っているが、カラスが普段何をしているかは、あまり知られていない。

　カラスはずいぶんと嫌われている生き物だが、観察してみれば別に嫌うべき点はない。多少大きいし、なんでも食べるし、態度がでかいし、そのくせ観察しようとするとすぐ逃げるが、大変興味深く、時にちょっとドジで、実に面白い。


　カラスがどういう生き物か、ここで手短に説明しておこう。まず、カラスの餌。

　生態系の中で生物同士が食ったり食われたりし、物質がどう移動するかを示した模式図を「生態系ピラミッド」という。一番下に無機環境、つまり植物の養分となる土中の無機物があり、その上に植物、その上に草食動物、さらに上に肉食動物、と乗っかっている図だ。カラスはこの中のあちこちに顔を出す動物である。できないのは無機物から有機物を合成することだけで、植物も食べれば動物も食べ、さらに死骸を食べることで有機物を無機物に戻す工程にも関わる。こういう雑食性、つまり「なんでも屋」をジェネラリストと呼ぶこともある。逆に偏食を極めた動物はスペシャリストだ。

もう一つ、死骸を食べることに着目すると、スカベンジャーという言い方もできる。といってもナントカ戦隊というわけではない。スカベンジというのは「廃物を回収・処理する」くらいの意味で、つまりは自然界の掃除屋ということだ。

人間が捨てたもの、落としたものも、カラスから見ると「食べてもいいもの」だ。だから、カラスは人間が何か落とさないか、落ちていないか、常に注意して見ている。例えば、公園のベンチで何か食べた後、少し離れてからそっと振り向いて見ると、カラスがベンチのあたりを歩いているのは、よくあることだ。カラスは餌のありそうな状況を絶対に見逃さない。それは、彼らがオオカミのような捕食者の食べ残しをつついていた遠い過去から、たゆまず続けて来た行動である。それどころか、ワタリガラスはオオカミを獲物のところまで誘導するという噂も根強い。もっとも、オオカミが空腹だったり機嫌が悪かったりすると、カラスの方が食われてしまうこともあるようだが。

カラスにとって人間の食べ残しはごちそうの山である。カラスは、いや鳥は、飛ぶために莫大なエネルギーを使う。そのため、栄養価が高く、消化の早い餌を大量に必要とする。となると、脂肪と肉を煮込んだパスタソースなんかは大好物であり、オリーブオイルをからめたハイカロリー仕様となれば大ごちそうなのである。はっきり言えば、ジャンクフード・ラブなのだ。半分以上食べ残したまま捨てられていた幕の内弁当をカラスがつついているのを見たことがあるが、真っ先に手を出すのはご飯と肉である。炭水化物と脂肪上等！　ダイエットなど知ったことか！　それが、食餌療法をするよりも飢死を恐れなければならない野生動物の宿命だ。

一方、嫌いなのは野菜である。特に生野菜は食べない。キュウリなら食べるが、おそらく、乾燥地帯で水代わりに瓜を食べるような感覚なのだろう。

カラスはゴミを「散らかす」と言われる。確かにカラスが餌を漁った後は見事にとっちらかっている。それは、ゴミ袋の中には彼らの好物だけが入っているわけではないからだ。ゴミ袋に一緒に入っている食えないもの、食いたくないもの……例えば紙くず、ラップ、野菜屑など……はポイッとその辺に投げる。それが、むやみに散らかる理由である。

ところで、カラスは1種だけではないし、ただの「カラス」という鳥もいない。世界には約40種のカラスがいて、日本では7種が記録されている。ただ、私たちが普通に「カラス」と呼んでいるのは、1年じゅう日本にいて繁殖もしている2種、ハシボソガラスとハシブトガラスである。残り5種のうち3種は冬鳥だし、街なかで見かけることもない。あとの2種は迷子で、普通は日本に来ない。

ハシボソガラスはやや小柄で嘴が細く、鳴き声は「ガーガー」としゃがれている。ハシブトガラスは街なかで普通に見かけるカラス、太い嘴で「カア」と鳴くあいつだ。

この2種は環境の好みがやや違い、ハシボソガラスは農地や河川敷など開けた場所が、ハシブトガラスは森林および都市環境によく見られる。行動もやや違い、地面でチマチマと餌を探すのはハシボソガラスの方。クルミを落として割るとか、車に轢《ひ》かせるとか、そういう小技をきかせるのもハシボソガラスだ。

ハシブトガラスはドングリをつついて皮を剝がすなんて面倒くさいことは考えつかないし、そもそも落ち葉に埋もれたドングリを探すのも下手だ。クルミの上手な割り方も知らない。彼らが食べる「実」はサクラやエノキやクスノキなど、派手な色の、柔らかい実が中心である。あれなら、長さ8センチもある太い嘴を器用に操ってパクパク食べてしまう。

もう一つ。カラスは人を襲うというが、本当だろうか？

カラスは人が思っているよりヘタレで弱気な生き物である。これは間違いない。私たちがカラスを研究する場合、カラスに警戒されないよう、逃げられないように苦労するのだ。写真を撮るのだって一苦労。鳥はだいたい、注視されるのが好きではない。ましてや、でっかい目玉みたいなレンズを向けるとたちどころに逃げてしまう。

そんなカラスだが、子供を守る時だけは、人間にも立ち向かう。それでもヘタレなので、真正面から攻撃する度胸はない。必ず後ろから来るし、カラスが子供を守るためにブチ切れて我を忘れて襲いかかってきたとしても、後ろから頭を蹴飛ばす程度だ。間違っても嘴をブッ刺して頭をつつきまわして血まみれとか、そんな大惨事にはならない。

カラスってほんとに危なくないの?とお疑いの方のために、カラスの繁殖についてちょっと触れておこう。カラスはオスメスのペアでナワバリを作る(ここで言うカラスとは、日本で繁殖する2種のことだ。種によっては集団繁殖する)。ナワバリには他のカラスを入れない。同種のカラスはもちろん、ハシブトガラスとハシボソガラスの間でも、縄張りからはお互いに排斥しあう。産卵開始はハシボソガラスで2月末、ハシブトガラスで3月半ばくらいからだが、これは一番早いケースだ。まあ、3月から4月になるとだいたい卵を産むかな、くらいに思っておけばいい。

カラスの巣はたいてい、樹上の高いところにあり、直径50センチほどもある大きな皿型である。木の枝を組み合わせて作るが、しばしば、針金ハンガーも混じっている。枝を折るより、ハンガーをベランダの物干し竿からかっぱらって来る方が簡単だからだ。抱卵期間は約20日、その後、巣の中で1ヶ月あまり雛を育てる。巣から出て来るのは5月から6月になる。で、この巣立ったばかりの雛というのが、ろくに飛べないのである。カラスに限らず、多くの鳥の雛は、巣立ってからしばらくはまだ何もできない。すぐに親の後をついて歩く、ニワトリやアヒルのヒヨコみたいなものとは限らないのである。この時期に枝に止まり損ねたカラスの雛が地面まで落ちていたりすると、親は非常に神経質になる。人間が近づくと大声で鳴いて威嚇し、止まった電線を嘴で叩き、手近な葉っぱをちぎっては投げ、それでも人間が気づいてくれない場合は頭をかすめるように飛び、最後の最後に、背後から頭を蹴飛ばす。つまり、カラスの様子をよく見ていれば、蹴られるずっと前にその場を離れることもできるし、怒ったカラスに背中を向けないという対策も取れるのである。

ちなみにこの文章を書いている今日（2019年7月3日）、出勤のために駅に向かって歩いていたら、ハシブトガラスの雛の「ぐわわわ」という声が聞こえた。おそらく2羽だ。すぐ近くの小さな公園のケヤキの木に巣があるのは知っていたが、じろじろ見て怒らせないよう、あまり観察はしていなかった。4週間ほど前に通行人を威嚇するように飛ぶ親鳥の姿を見たので、その頃に巣立ったのだとは思っていたが、以後は巣立ち雛の気配がなかった。巣立ち雛は餌をねだって「ぐわわわ」「ぐあー」と鳴くものなのに、声も聞こえないので死んでしまったのかと心配していたのだった。

巣立ってから今まで、カラスの雛たちは少し離れた場所にいたのだろう（といってもせいぜい百メートルかそこらだと思うが）。で、そこそこ飛べるようになったので、巣のあったあたりに戻って来たのか。ふむふむ、よかった、と思って見ていると、親が苛立《いらだ》った様子でカアカア言い出した。いかん、怒った。

刺激しないように立ち去ろうとしたら、目の前の電柱に親ガラスがヒョイと止まった。そして、こっちを向いて「ガララ、ゴアー！　ガー！」と威嚇声をあげはじめた。まずい、目をつけられた。毎年、雛の写真を撮ったりしているので、「いつもの悪い奴」と認定されているのかもしれない。これ以上怒らせないよう離れようとしたら、信じられないことが起こった。バササササ、という羽音と、「ぐわー」「ぐあぁーー」という声が加わったのである。

こ、こら！　ガキどもから離れてやろうとしたのに、そのガキが自分からこっちに来るとか、何考えてんだよ！

もちろん雛たちは親鳥の後を追って「ねえねえ、お腹へった」と言いたかっただけだろう。だが、親としては、まさにここが「絶対防衛圏」に変貌したのである。しかも、私はつい「せっかく近くに来たから1枚だけ」と写真を撮ってしまった。それから、そそくさと立ち去ろうとした。

次の瞬間、私はすぐ後ろで「ヒュン！」という風を切る音を聞いた。反射的に首をすくめ、上目遣いに頭上を確認すると、頭をかすめるように急降下したハシブトガラスが、空へと舞い上がってゆくところだった。

これがカラス流の最後通告、「これ以上何かしたらほんとに怒るぞ」という意味である。

私はこれ以上過激な威嚇をくらわないよう、背後をチラチラと振り返りながら足早にその場を離れた。私が角を曲がって見えなくなるまで、親鳥は機嫌悪そうにカアカアと鳴いていた。

まあ、カラスによる「攻撃」はこの程度のものである。これを怖いと思うか、大したことがないと思うか、それは読者の判断にゆだねよう。

私がどう思うかって？　そりゃまあ、カラスに威嚇されれば怖いが、頭をかすめて飛んだ時は「やった！　久々にくらった！」と思った。カラスの研究者とは、カラスに蹴られて喜ぶ変態でもあるのだ。

カラスじゃダメなんですか?

2章で、ニワトリがいかに人に愛されてきたかを書いた。単に利用し尽くされているだけのような気もするが、何にしてもニワトリは人間と関わりの深い鳥である。古くは朝を告げる神の鳥だったし、律儀に卵を産んでくれるし、肉だっておいしい。それにヒヨコはカワイイ。まさに人間の友である。

だが、私としてはこう言いたい。カラスじゃダメなんですか? カラスじゃ、ダメなんですか? 大事なことなので二度言いました。

いや、本当はわかっているのだ。世間一般の基準では、カラスじゃダメなのである。だが、ここではカラスを心から擁護しつつ、なんでカラスがダメなのかを論じてみる。

まず第一に、カラスはかわいくないか?

カラスはかわいいのだが、当然のようにヒヨコには負ける。あれは無条件に、問答無用に、わかりやすく、カワイイ。これは「子供のシェマ」と言われるものに関係している。

子供のシェマというのは、コンラート・ローレンツが提唱した概念だ(シェマはドイツ語でSchema、英語ならスキーム)。赤ん坊を考えてもらうとわかりやすいが、大人と子供はプロポーションや顔立ちがかなり違う。これは体の部分ごとの成長の速度が違うせいだ。脳や眼球は最初からそれなりの大きさがあるが、手足は成長にともなってグングン伸びる。

ローレンツが提唱したのは、この子供っぽいプロポーションこそが「かわいい」と感じさせる理由であり、「人間は生まれつき、子供っぽさをかわいいと感じるように進化した」ということだ。ローレンツの挙げた子供の特徴とは、体の割に大きく丸い頭、頭の下半分に偏った顔、大きな目、短くて丸い突出部（例えば鼻、子犬を想像してほしい)、短い手足、高い声などである。これが子供のシェマだ。これは本来、発生学的な制約なのだが、人間にとって「幼い」と判断する基準でもある。

アニメや漫画のキャラを考えるとわかるが、こういった特徴を満たすとキャラは子供っぽくなる。同じキャラで年齢を描き分ける時はこの特性が利用される。一方、ミッキーマウスのイラストを年代順に並べると次第に「子供っぽい」デザインに変化していることがわかる。ミッキーは人々が見慣れてしまわないよう、かわいさを強調し続けてきた結果、そのカワイイ特徴がインフレーションを起こしているのである。

そして、ローレンツの意見では、これにはさらに奥深い攻防がある。

子供っぽい特徴を見ると「カワイイ！」と思い込む個体は、より熱心に子供を世話する。だから繁殖上有利である。子供にとっても、子供っぽい姿で「カワイイ！」と思わせて世話を引き出すのは有利である。つまり、哺乳類は子供を見るとカワイイと思うように、また、子供はなるべくカワイイ姿でいるように、子供のシェマをあざとく強調しながら進化した可能性がある。

だが、哺乳類ではないヒヨコはこれには当てはまらない。鳥には哺乳類のような、かわいさに対する感受性がなさそうだからだ。鳥で問題になるのは、むしろ鳴き声とか翼を振るしぐさ、嘴と口の中の色である。スズメの雛は嘴が黄色いが、あれは親に対して「ここに餌をやれ」というサインになっている。親鳥はこれを見ると餌を与えずにいられないらしい。

これについては(他の小鳥でだが)「どこまで簡略化しても大丈夫だろうか」と研究した人がいる。最初は雛の精巧な模型を作り、次に顔だけにし、嘴だけにしても、親は黄色い口に餌を与え続けた。最後はマッチ棒を黄色く塗って組み合わせた菱形を巣に立てておいたら、親鳥はその中に餌を放り込んだ。要するに、「自分の巣にいる、黄色くてパカッと口を開けたもの」なら何でもいいのであった。

というわけで、ニワトリが小さくて丸くてモフモフしたものをかわいがる、という話は聞かない。第一、ニワトリはヒナに餌を与えない。ヒナは勝手に親の後を付いて歩いて、勝手に餌をつつくのだ。ヒヨコが小さくて丸くてモフモフでつぶらな目をしているのは、単に発生上の問題にすぎないのだろう。いや待てよ、子育て中のキツネなんかもヒヨコを見たらやはり「カワイイー!」と思って捕食をためらうからヒヨコの生存上有利とか……。さすがにそれはないか？　とにかく、人間の暴走する脳はヒヨコを見ても哺乳類の子供を見るように「カワイイー‼」と反応する。

ではカラスの子供は？

ニワトリやカモは早成性といい、生まれた時から羽が生えていて、すぐ立って歩ける。それに対して、カラスは多くの鳥と同様、晩成性と呼ばれるタイプだ。生まれた時は裸で、目も開いていない。腹ばかりがぽっこりふくれて、見た目はトカゲと餓鬼（鬼みたいなやつね）を足して割った感じである。間違ってもかわいくない。むしろ、気色悪い。だが、生まれた時にかわいくないのは、ツバメでもスズメでも同じだ。せめて巣立つまで待ってほしい。

カラスの巣立ち雛はやんちゃで、翼や尻尾が短く、目がキョトンとしている。うん、これは「カワイイ」要素だ。だが、「カワイイ」の大事な要素である丸さはない。羽を膨らませていればそれなりだが、普段はむしろ、親よりも痩せっぽちである。

いやいや、せめて顔がかわいければ。あまり知られていないが、カラスの雛は目が青い。青い目なんてまるでフランス人形だ。だが……青い虹彩《こうさい》に黒い瞳が目立つため、青い三白眼《さんぱくがん》になってしまっている。これでは親よりも目つきが悪い。そして、真っ赤な口を開けて「お腹へった」と鳴く。鳴き声は「ぐわー」というダミ声だ。はい、ヒヨコ勝利。

では次に、カラスはニワトリのように人の役に立つか？

……立たない。全然、役に立たない。そもそもカラスを飼うのは大ごとだ。第一に、カラスのように飛び回る鳥を閉じ込めておくのが大変だ。それにカラスはペア単位で縄張りを作るから、集団で繁殖させるのが難しい。オスメス関係なくしょっちゅう喧嘩もする。家禽の要素はひとかけらもない、とわかる。

ではせめて、宗教的に重要な鳥であり得るか？

カラスはかつて太陽の鳥、神聖な鳥、神の使いであったのだが、これは主に狩猟採集民の世界でのことだ。とはいえ、まあその場合でもトリッキーでわがままでやりたい放題な神だが。オーストラリアの伝説では、カラスが人間を作った理由は「浮気相手がほしかったから」としている。その後の宗教では、特に神聖な鳥ではなく、むしろ悪者扱いである。戦乱や疫病で人が死ぬとカラスが集まってくるので、どちらかというと「死」に近しい鳥に見えるせいだろう。芥川龍之介の『羅生門』ではないが、近世以前にはその辺で人が死んでいるのは珍しくなかったはずだ。刑罰も野ざらしなど苛烈《かれつ》なものがあった。そういうところで死体をつついているカラスを見れば、そりゃ印象は最悪だろう。いや、カラスから見れば、野外で死んでいればそれは全て「肉」でしかないのだが。強いて言えば、ヒマラヤ地方の鳥葬《ちょうそう》を行う地域では、カラス類はハゲワシと並んで聖なる鳥である。死者をついばむ鳥は、魂を肉体から解き放ち、天へと連れてゆくものだからだ。かつてチベットでは遠くを飛ぶカラスにさえ手を合わせて拝んだという。だがこれも、火葬や土葬の文化圏では関係ないだろう。

最後に、食味について。

前にも書いた通り、カラスは食える。食べても毒ではないというだけでなく、かのフランスにだってレシピがあるから、決してゲテモノではない。

しかし、うまいかと言われれば、これまた微妙である。はっきり言えば、わざわざ食う必要を感じない。石原慎太郎は都知事時代に駆除を含むカラス対策を開始し、「パイにして食っちゃえばいいと思う」という趣旨の発言をしているが、到底、需要があるとは思えない。ということで、少なくとも現代の肉用鶏と比べれば、食材としてはニワトリの圧勝である。いやこれは当たり前の話で、野鳥であるカラスに負けたのでは、食用に改良され続けたブロイラーの立場がない。

さて、こう書いてくると、カラスの存在価値は何もない。泣きたくなってきた。

だが、カラスは生態系の構成者であり、ちゃんと自然の中で役割を果たしている。特に大きいのが、種子散布である。

カラスは果実をよく食べる。そして、糞と一緒に種子を落とし、その植物の繁殖を手助けする。植物の方も、鳥に食べられるように進化して来た歴史がある。果実に糖分やタンパク質を溜め込んでおいしくするのは鳥に食べてもらうためだし、熟した果実の派手な色も鳥に見つけてもらうための宣伝である。果実の中には一度動物の消化管を通らないと発芽しないものも多い。

カラスの大きさなら、小鳥では食べられない大きな果実もくわえて運んでくれる。大きな種子もOKだ。もし飲み込めないとしても、地面に捨ててくれれば発芽のチャンスがある。しかも、カラスの1日の移動距離は数十キロに及ぶこともあるから、非常に広い範囲に種子をバラまいてくれるわけだ。

これは植物にとって大事なことである。実際のところ、種子の生存率が一番高いのは親木からちょっと離れたあたりなのだが（遠すぎるとどこに落ちるかわからないから成長できる保証がないし、かといって親木の真下だと光が当たらなかったりしてやはり育ちにくい）、ダメもとで遠くまで種子を散布するのは重要だ。となると、どんな大きさでも、うんと遠くにでも、種子を届けてくれる「運び屋」として、カラスは大きな役割を果たしている。カラスは森を作っているのだ。

だがまあ、こんな小理屈はどうでもいい。役に立つから擁護しようなんてのは、あまりに傲慢な態度である。ニンゲンごときの役に立とうが立つまいが、カラスは今日も黒い翼を広げて生きている。

ホーム・スイートホーム

カラス。漢字で書くと空巣。というのは冗談だが、カラスの語源について「いつ見ても巣が空っぽだからカラス」という意見もあることはある。

前にも述べたが、カラスの巣は、いかにも「鳥の巣」といった形をしている。木の上にあって、枝を組み合わせて皿形に作ったものだ。直径50センチくらいはある。もっとも、上手に葉っぱの間に隠してあったりするので、大きいわりに見つけにくくもある。

さて。人間の世界には「愛の巣」なんて言葉があるので誤解されがちだが、鳥の巣は卵と雛のためだけにある。成長した、大人の鳥が眠る場所ではない。基本的に、鳥は木の上で枝に止まったまま眠る。

新婚夫婦の新居を愛の巣と表現するのは、おそらく、ジュウシマツなどのペアが巣に入って仲良くしているからだろう。スズメのような、木のウロや隙間に営巣する鳥の場合、巣穴を寒い時の寝場所にしてしまうことは一応、ある。だが、鳥としてはむしろ例外的な方である。巣というのは基本的に、繁殖期に卵と雛を入れておくためだけにあり、成鳥のペアが仲良くイチャつくための巣なんてものはない。同様に、集団ねぐらと巣も全く別だ。集団ねぐらは単に皆で集まって眠る場所であって、特別な構造物はいらない。某自治体が「カラスの個体数を減らすため、大きなねぐらのある場所で巣の撤去を行う」などとウェブサイトに載せていたことがあるが、おそらく巣とねぐらを混同した結果であろう（さすがに今はこの文言はない）。

カラスが巣を使うのは、卵を抱くのに20日、雛が巣立つまで30日少々の、合計2ヶ月弱にすぎない。だが、その巣は頑丈で、1年以上残ることも珍しくない。仮に「いつ見ても巣が空っぽ」なら、それは繁殖後の使い終わった巣か、下手をすると去年の巣だろう。卵を抱いている時期ならメスが常に巣に座っているし、子育てしていれば頻繁に餌を持って来る。もっとも、人間が近くでじろじろ見ていると親が警戒して戻ってこないので空っぽに見えるということもある。

鳥の巣は使い捨てのことが多いが、再利用される場合もある。一般に、大きな鳥や、営巣場所が限られた鳥の場合、再利用することが多いように思える。猛禽などでは古巣の上に何度も巣材《すざい》を継ぎ足して使うため、巣がどんどん大きくなってゆくこともある。だが、少なくとも日本のカラスは「使い捨て派」のようだ。再利用がないわけではないのだが、私の観察した例では極めてまれだった。カラスは毎年、どころか下手をすると年に2度くらいは、あの複雑そうな構造の巣を作るのだ。

カラスの巣に一体何本の枝が使われているものか、ざっと推計したことがあるが、ある例では枝や針金が100本以上も使われていた。カラスは一度に1本しか枝を運ばないので、確実に100往復以上。巣材を落としたり、持って来ても使えなかったりすることもある。さらに巣の内側を作る柔らかい素材は別に持ってくるので、2羽がかりとはいえ、大変な作業である。

もっとも、常に新たな枝を取って来ているとは限らない。カラスの古巣が忽然《こつぜん》と消えることがあり、少なくとも春先に消える場合は、巣材の使い回しが疑われる。全ての巣ではないが、時にはこういうリサイクルも行うことがあるようだ。考えてみれば、足と嘴だけでせっせと枝を折るよりは、前の巣から抜いてくる方が楽だろう。

カラスが巣を作る時、最初の難関は土台部分である。巣は樹上の、枝の叉《また》に乗っている場合がほとんどだ。できれば三叉《みつまた》くらいになっていた方が安定する。とはいえ、作り始めの巣は不安定だ。枝をそっと置き、次の枝を置き、また次の枝を置き……。この辺でしばしば、バランスを崩して枝が落ちる。カラスは首を傾げて地面を見下ろし、また律儀に枝を持って来て、ヒョイと置く。また落ちる。また持ってくる。この繰り返しの果てに、そのうちうまくできる。おそらくカラスなりのスキルやコツといったものもあるのだろうが、単なる行き当たりばったりのように見えなくもない。

カラスが巣を作る時は、オスとメスが共同で作業をする。だが、最後に巣の内側を仕上げるのは、どうやらメスの仕事だ。卵を産むための「内装」に相当する部分は産座《さんざ》と呼ばれるが、ここは枯れ草や動物の毛を編み込んで作られる。メスは体を産座に押し付け、ゆっくり回転しながら作業するので、メスのお腹を基準にしてきれいな円形になり、かつ、メスにぴったりフィットするオーダーメイドの巣にもなるわけだ。卵を抱くのもメスだけである。

ところが、あるハシボソガラスのペアが巣を作っているのを観察していたら、妙なことが起こった。メスは産座を仕上げにかかっているのに、オスの方は枝をくわえてくるのだ。枝を持ってきたオスは巣に組み入れようとするのだが、そのたびにメスに追い払われる。どちらも「巣を作ろう」という衝動に駆られているのだろうが、作業が違うために、足並みが揃っていないのである。台所を手伝おうとしたお父さんが、「余計なことをされるとかえって邪魔」と追い払われているようなものだ。枝をくわえてオロオロしていたオスは、だからといって枝を捨てるのは惜しかったのか、とうとうちょっと離れたところに新たに巣を作り始めた。幸いにして枝を何本か置いたところで気が変わったらしく巣作りをやめたが、あのまま続けていたら巣が二つできるところだった。

時に、カラスの縄張りには複数の巣がある。これは別に偽物を作って敵を騙《だま》そうというのではない。多くの場合、使っていない方は去年（時には一昨年）の巣だ。もしくは、繁殖シーズンの早い時期に失敗し、新たに巣を作ってやり直しているかである。カラスは1シーズンの間にも繁殖をやり直すことがある。ただし、雛が巣立ったらもう産卵はしない。巣立ち後の雛の世話が長期間におよぶため、次の産卵と両立させられないからである。小鳥の場合は繁殖サイクルが早いので、1シーズンに2回、時に3回の子育てを行う例も珍しくない。

鳥の巣は繁殖のためだけに、多大な努力をして準備され、使わなくなれば放棄される。そういう感覚から言っても、人間の「家」とはかなり違ったものである。むしろベビー用品と思った方がいい。

とはいえ、人間の場合でも、定住しない生活だと話が違ってくる。

鳥の巣の「使い捨て」感覚に一番近いのは、森林で移動しながら狩猟採集生活をしている民族だろうか。例えば、アフリカのバカ族（バカ・ピグミー）は獲物を探してキャンプを転々とし、いい場所があるとその辺の森から採って来た枝を蔓《つる》で縛り合わせ、枝葉を葺《ふ》いて小屋を作る。家具もそうやってその場で作り、移動する時は捨ててゆく。彼らは森林の中を身軽に移動しなければいけないので、大荷物を持ち運ぶことはない。逆に言えば森林にいるからこそ、どこに行っても「建材」が手に入る。

一方、カラスが時々やる「巣をバラしてリサイクル」に近いのは、組み立て式の住居を持って移動する生活だろう。代表的なのが、モンゴルの遊牧民だ。彼らはゲル（中国語でパオ）と呼ぶ組み立て式住居を使う。ただし、ゲルは分解できるとはいえ、運ぶには荷車が必要となる。ということは荷車が使える平原地帯でないと、こういう暮らしはできない。

私の勤める博物館の収蔵品にゲルがあり、組み立てて展示したことがあるのだが、これがまあ、実に面白いものであった。

このゲルは直径3メートル余り、平面形は丸い。背丈より少し低い壁が丸く囲い、その上に円錐形の屋根が乗っている。壁は白っぽいテント地だ。パッと見ると単なるテントで、そんなに凝ったものには見えない。だが、これはマイナス30度にもなる冬の寒さに耐え、草原を吹き荒れる嵐にも負けない、強固な建造物である。それでいて一家族で分解・組み立てができ、畳めば荷車1台に積んで持ち運べるモバイル住居なのだ。

これを組み立てた時、まず出て来たのは、背丈ほどの棒の束である。太さ数センチの木の棒が束ねられている、のかと思ったら、菱垣《ひしがき》のように網目状に組んであって、引っ張るとびろーんと伸びるのだった。枝の重なるところは針金を通して止めてある。これが壁の骨組みだ。三分割くらいになっているので、連結して円形の壁を立てる。入り口はちゃんと框《かまち》とドアがあるので、これを取り付ける。

続いて出てくるのは、一見すると巨大な唐傘《からかさ》の骨組み。マルに十文字を組み合わせたような部材から、何十本もの棒が生えている。これが屋根の部材である。

「マルに十文字」は屋根の中心で、煙出しを兼ねている。マルの周囲に生えた「傘の骨」は広げることができる。これが、屋根なのだ。地面からどっしりした支柱を1本立てて支えるようになっており、これが屋根の高さを決めると同時に、重量を受け持っているのだろう。

この屋根を壁の上に載せ、本来は羊の腱《けん》か何かで縛ったのだろうが、現代日本のことなので紐と結束バンドで固定する。屋根と壁をキャンバス地の布で覆い、ロープをかけて縛る（寒い時はフェルトやキルティングのカバーもかける）。これで完成である。住む時は床に絨《じゅう》毯《たん》を敷き詰め、寝台やタンス、ストーブなどの調度品も置き、立派な家になる。

この時は、モンゴル人にもアドバイザーとして来てもらったとはいえ、作業するのが日本人ばかりで色々と手際が悪かった。だが、それでもゲルが完成するまで2時間ほど。基礎工事をして柱を立てて棟上《むねあ》げして家を建てることを考えれば、あきれるほど短時間、かつわずかな物量でできあがる、合理的な家であった。

後になって、バーで知り合いになったモンゴル人と話をしているうちに、我々が立てたゲルはちょっと手順が違っていたことがわかった。まず、屋根は柱を立てて「マルに十文字」を高く支え、後から骨組みを刺せと言われた。刺せ、と言われても、棒がぴったり入る穴を狙って槍《やり》で突けと言われているようなものだ。よほど慣れていないと狙いが定まりそうにない。さらに彼が「これ一番大事！」と言っていたのは、壁の骨組みを立てた後、紐を2回まわして縛ることだった。彼はジンライムを片手に、「2回！　絶対、2回！　これやったら、どんな凄い風でも大丈夫ですよ！」と力説した。

そして、メモしていた私のノートを奪い取るなり、「ここ羊！　ここ犬！」とゲルの周囲の見取り図を描き始めた。それによると、ゲルの近くに馬と番犬（馬は家族同然なので、盗まれないように気をつけるらしい）、離れたところに牛と山羊と羊で、ゴビ地方ならラクダもいるとのこと。彼の実家で飼っていたのは羊４００頭に山羊３００頭だったそうである。

彼はジンライムを３杯空けて、カウンターにつっ伏しながら、ため息をついた。

「羊食べたいなあ。日本の羊はおいしくない」

このあいだ国に帰った彼だが、懐かしい草原でうまい羊肉をたらふく食えていることを祈ろう。

悪だくみ、してません

表紙にカラスの写真ないし絵のある本は、だいたいハード系のミステリーか、ちょっと怖い話である。しかも、揃いも揃ってカラスが正しくなく、美しくもない。何かの陰謀かと思うほどだ。

人間が動物に対して抱いている印象なんて、実に適当なものである。例えばライオンは百獣の王であり、プライドの高いハンターであると思われてきた。だから、ライオンが獲物を食べている後ろでハイエナが待っていれば、当然のように「ライオンが倒した獲物をコソコソ狙う、卑屈なハイエナ」だと信じ込んだ。だが、実際には、夜間にハイエナが倒した獲物をライオンが奪い取って食べている場合も多いことがわかっている。

最たるものはオオカミだ。オオカミは長らく悪魔の使いであり、神に逆らうものであり、羊を襲い人を襲い、赤ずきんのかわいい女の子が歩いていれば先回りして襲う、徹底した悪役だった。これは羊飼いの宗教に強く影響された結果である。荒野でやっと羊を飼っている人々にとって、狼ほど敬遠したい相手はいなかったに違いない。また、中世ヨーロッパの森の中で、武器を持たない庶民がオオカミの咆哮《ほうこう》を聞けば震え上がっただろうことも、想像に難くない。

確かにオオカミは怖い。もしオオカミが怖くないというなら、体重50キロ程度、ということはハスキーやシェパードくらいの野犬が現れた時のことを想像してほしい。しかも相手は集団である。私は中型犬1頭にだって勝つ自信はない。河内弁で怒鳴りつけて野犬3頭を追い払ったことはあるが。

もちろん、オオカミは決して邪悪な存在ではない。ないのだが、擁護が行きすぎると贔屓《ひいき》の引き倒しになる。1970年代頃から急激に「オオカミは悪くない」という風潮が生まれた。一つには人間中心主義で唯物論的な科学からの脱却を目指したニューサイエンスの影響もあるだろう。また、ニューサイエンスはしばしばスピリチュアル系と親和性が高いので、融和的な自然観や、アニミズム的な世界観と結びつくことがある。ここに、この時期からわかってきたオオカミの行動――例えば共同繁殖を行い、自分の子供でなくても餌を運んでくるなど――がフィーチャーされると、オオカミは高貴なる野生の象徴として祭り上げられる(こういった拡大家族的な繁殖は、ヒッピー・ムーブメントにおけるコミュニティの姿とも重なることは指摘しておこう)。

問題は、そういった人間の見方という勝手な流行が、現実世界を左右してしまうこともある、という点だ。例えば「日本にオオカミを再導入すれば野生動物問題は全て解決」みたいな考えは、しばしば「アメリカで健康なオオカミが人を襲った記録はない」という記述に基づいている。だからオオカミは安全ですよ、という言い分だ。私も元ネタになった本を昔読んだ。その時は驚いたが、よくよく考えたらアメリカでは武装した開拓民が相手であり、しかも短期間のうちにオオカミは絶滅に近いところまで追い込まれているのだ。襲う暇もなければ、襲っても返り討ちにあうだけである。丸腰の中世ヨーロッパの農民とはワケが違うだろう。

もちろん、20世紀初頭までヨーロッパの新聞にしばしば掲載されたというヨタ話……「オオカミの群れに取り囲まれて孤立した村の恐怖！」みたいなのは、今で言えば怪しげな都市伝説程度なものだろうし、遡《さかのぼ》れば15世紀のパリ市内にまで侵入し、市民を恐怖のどん底に叩き込んだ狼王クルトーあたりが元ネタかと思われる。だが、ヨーロッパやアジアでは人間がオオカミに襲われたという話はいくつもあり、信頼性の高いものも多数ある。

ニュートラルに動物というものを考えてみてほしい。捕食動物は常に、食べやすい獲物を襲う。そこには高貴な精神もなければ邪悪な企みもない。そんな余計なことを考えていたら飢え死にするばかりだ。シカが食べやすければシカを襲うだろう。野生のシカよりも襲いやすい獲物がいれば、そちらを狙うだろう。その獲物がシカ以外の野生動物であるか、家畜であるか、人間であるかは、捕食者にとってあまり問題ではない。オオカミが人間を付け狙う悪魔であるはずはないが、さりとて、決して人間を襲わない高貴な動物であるはずもなく、ただ人間の偏見と、その偏見への反動によって、悪魔にされたり奉られたり、本人とは関係ないところで評価が乱高下しているのである。

これは、カラスも同じだ。

例えば「カラスは人間を狙って糞を落とす」というお話は常にある。だが、カラスは常に糞を落としているものである。当たったのが偶然か狙ったのかを区別するのは簡単ではない。

そこで、思考実験として、道を歩いていてカラスの糞が偶然にも命中する確率を求めてみる。考え方は、あなたがカラスに遭遇する確率×その時にカラスが糞をする確率×あなたの体の範囲内に糞が落ちる確率、だ。

さて、カラスに遭遇する確率。今朝、私が通勤する途中、３度カラスの下を通った。便宜上これを使うと、私は1日3回、月に約75回、年に約９００回、カラスの下を通る。

次に、鳥が糞をするタイミング。鳥はしたくなったら糞をするが、飛び立つ直前、あるいは直後に糞を落とすことがしばしばある。飛行前に体を軽くしたいのかもしれないし、グッと力を入れると出てしまうということもあるだろう。また、カラスは人が近づくと緊張する。これも排糞を誘発する要因の一つだ。

しかも、都市部においてカラスはだいたい、電線や看板に止まっている。こういったものは、歩道の上に作られている。つまり、歩道を歩けば自動的にカラスに接近することになる。

仮に歩道の幅を2メートル、人間の肩幅を50センチとすると、すでに25％の確率でカラスの

「爆撃可能圏内」に入っている。

ここで仮に、人間が3メートル以内にいる場合、ある瞬間にカラスが必ず糞をすると仮定する。カラスの前後3メートル、つまり6メートルの距離に対して、人間の厚みはざっと30センチ。つまり距離に対して5％になる。左右方向でカラスの爆撃圏内に入っている確率は25％だったから、1・25％の確率で、糞の落ちる範囲内に自分がいる、ということになる。年間900回、カラスの下を通るとすると、1年に平均11回ほど糞が命中する計算になる。

私は過去50年生きて来て、カラスの糞が命中したのは1回だ（カラスを肩に乗せていた時は除く）。さあ、計算値と比べてみて、どうかな？

もちろんこれは単なる仮想的な数字で、カラスの飛ぶ方向なんかも計算に入っていない。だから計算結果にも特に意味はない。だが、こういった確率論的な考え方をしないと、「実際はいっぱい糞をしているのだが、そのほとんどはあなたに当たっていない」という事実を人間はなかなか思いつかない。当たった時のイヤーな記憶だけが残るからである。

何より、「人間を狙って糞をする」と発想するには、「糞は汚いから、かけられたら嫌に違いない。よし嫌がらせのために落としてやれ」という思考が必要だ。人間にとっては常識だが、これが鳥に通用するかどうか、まずそこを考えなくてはいけない。

実のところ、鳥は糞をあまり気にしない。巣の中にいる雛は、餌をもらうと向きを変えてお尻を突き出し、糞をする。この糞は膜に包まれているので扱いやすいのだが、親鳥はこれをパクッとくわえて運び出して捨てるか、あるいは飲み込んでしまう。糞が腐ると不衛生だから合理的ではあるが、飲み込む、というのは衝撃的な始末の仕方である。

ある程度大きくなった雛は巣からお尻を出して糞を落とすようになるが、間違って巣の上に落ちてもわりと平気である。巣の下や周囲がどうなっているかも、あまり気にしない。

また、カラスがねぐらで寝る時は、多くの個体が枝に止まっている。当然、自分の上にも誰かがいる。そいつが糞を落とせば当然、べちゃっと浴びることになる。これもあまり気にしていない。実際、朝イチのカラスは背中に白い糞をつけていることがある。

こう考えると、「糞は汚い」という感覚自体が、動物の中でそれほど一般的ではない、と言えそうである。イヌなんか他のイヌの糞の上でごろごろするし（これは糞に含まれる誘引物質のせいもあるのだが）。

糞を「嫌がらせ」に使うのはチンパンジーなど類人猿だ。彼らは外敵に向かって糞を投げつける。しかし、忌避するからというより、「緊張してウンコしちゃったから、手近にあるので投げた」というだけのことかもしれない。ボノボ（チンパンジーにごく近縁な類人猿）はある程度成長すると糞を嫌がるという研究が最近出たのだが、従来から「サルの仲間はなんとなく糞を嫌がる」という印象はあったらしい。どうやら、糞を徹底的に嫌うのは、極めて人間的、拡張してもせいぜい「霊長類的」な感覚なのである。

そう考えると、カラスが人間を狙って糞を落として嫌がらせをするとしたら、「自分は糞なんて別に気にしたことないけど、あいつらはどうやらひどく嫌うらしい、ならば糞を落とせば嫌がるだろう、ここで待っていればあいつが真下を通るぞ、ここから落とせばちょうど頭の上に落ちるはずだ、よし今だ！」という、想像以上に高度なことをしているはずなのである。何が高度って、「自分は気にしないがあいつは嫌いなようだ」と推論するあたりが極めて高度だ。自他の区別がきちんとついていなくてはいけないし、自分とは異なる相手の心理を仮定しなくてはいけない。これは人間だって子供の時は無理である。

カラスが絶対にやらないとは言わないが、そう簡単ではないことは、おわかりいただけただろうか？

人間は動物に対してイメージを投射し、そのイメージに従って行動を類推する。もちろん学者だって行動を類推するし、私もカラスの行動を擬人化して説明もする。だが、動物学者はその類推の不確かさもちゃんとわかっている。実際の生物の行動は、人間のイメージを超えたものであることも少なくない。そこが生物学の奥行きであり、面白さである。

カラスは鏡を認めない

カラスといえば賢い。賢いといえばカラス。これはもうテンプレ、いや枕詞と言ってもいい。カラスが何かやらかすと、ニュースには必ず「カラスは知能が高いので」の一文が入る。そして「カラスは賢い」と評判になる。

しかし、「カラスは賢い」という色眼鏡で見ていると、本当のカラスの姿は見えてこない。例えば、線路の置石。

ＪＲの線路にカラスが「置石」する事件があった。その時にはもう、ありとあらゆる説が飛び交った。いつもの「遊んでいる」説。列車が石をはねる音を楽しんでいる説。そして、しまいには「ＪＲに巣を撤去されたので仕返し」説だ。

ちょっと待て。置石は確かに、鉄道会社の大敵だ。「異音がしたので点検しました」だけでもダイヤは大きく乱れるし、まして脱線・転覆でも起こせば大事故である。なるほど効果的な仕返しだろう。だが、そのためには、前提となる知識がどれだけいることか。

まず「自分の巣を撤去したのは作業員という個人だが、それを命じたのは鉄道会社だ」と理解しなくてはいけない。会社組織とか業務上の指示とかいった抽象的かつ人間社会特有の関係を理解できるか？　また、「この鉄道を運行しているのは鉄道会社だ」と理解しなくてはいけない。巣を撤去した作業員と電車は全く見た目が違うが、どうやって結びつけるのだ？　さらに「置石をすると列車が止まる」「列車が止まると点検もいるし、遅延証明、振替輸送の案内などに駅員が駆り出される」「すると鉄道会社が迷惑する」といった、人間社会への深い理解が必要である。一体どこでそんなことを覚えたんだカラス。ひょっとして、人間界に遊学していた八咫烏《やたがらす》の長《おさ》なのか。

もちろん、この事件の真相は、仕返しなどではなかった。前出の樋口広芳教授、および森下英美子らが解明したのは、「カラスがパンくずを線路の砂利の下に貯食《ちょしょく》しようと（あるいは貯食を取り出そうと）して、石を持ち上げる。すると丁度いい高さにレールがあるので、その上に石を置く。そこに列車が来てしまった場合、カラスは石を放置して逃げるので、結果として置石になる」ということであった。要するに、単なる偶然である。だが、三文芝居のような仇討《あだう》ちモノより100倍は面白いではないか。

カラスが人間の捨てたゴミを漁り、都市環境を利用することも「賢い」などと言われることがある。だが、これが賢いならスズメもドバトもドブネズミもクロゴキブリも、みんな賢い。ゴミの日になると見かけるので「ちゃんと燃えるゴミの曜日を知っていて賢い」と言われたりもするが、これも誤解。カラスは上空からゴミがあるかないかを見て、それから下りて来るだけだ。
とはいえ、カラスの知能の本領は、「先を読んで予測し、計画を思い描く」能力にある。全てのカラスが、とは言えないが、少なくとも一部のカラスにはこれができる。

ニューカレドニア島に生息するカレドニアガラスは野生状態でも道具を作って使うことで有名だが、驚異的な洞察力も発揮する。実験条件下で、透明パイプを組み合わせた迷路の中に餌を入れておくと、外からしげしげと眺めて「こっちからつついてもここからは出ない、ここから押すとこっちに穴があるから転がり落ちて……」とちゃんと予測を立て、棒をくわえて正しい方向に餌を動かし、最後にコロリンと出てくる餌を獲得する。「適当に棒でつついていればいい」といった理解ではなさそうだ。「スマホはとりあえずホームボタンを押せばいい」程度にしか理解していない私より賢い。

このような「観察して予測を立てて行動する」という器用なマネは、ワタリガラスもできる。多分、ミヤマガラスもできる。となると、カラスの一部にだけできるというより、多くのカラスができるのかもしれない。

いや、そんなことできるに決まってるじゃないか、と思うのは人間の早とちりである。こういった「仮定に基づいて思い描く」という計画能力を高度に発達させた動物は多くない。カラスはやはり、相当に知的能力の高い部分があるわけだ。

だからってカラスのやることを全て計画的だと信じ込んではいけない。

ワシントン大学教授のジョン・マーズラフは著作の中で、1羽のカラスに驚いたリスが逃げ、それをもう1羽がまんまと捕まえたという観察から、「協力して捕食した」と書いているが、これはちょっと言い過ぎのように思える。少なくともこれだけの観察では「たまたまいい位置にもう1羽いた」とか「リスが逃げるのを見て自主的に先回りした」といった可能性を否定できない。

つまり、「カラスは賢いから」という目で見ていると、なんでもないことまで全て、素晴らしい知能の発露のように見てしまいかねないのである。要は深読みのしすぎだ。隣の席の女子が気になる中学生男子じゃあるまいし、あくまでクールに、「見えたものが全て」と冷静に判断すべきである。

カラスは意外にも、この「見えたものが全て」という現実的な態度を貫く。ただし、その結果は、人間から見て理解しにくい、あるいはちょっとドジなものになる。

以前観察したことがあるのだが、1羽のハシボソガラスが大きなナマズを捕まえ、川岸に引っ張り上げて食べようとした。カラスは一口ぶんの肉をくわえて、雛に給餌するために巣に戻った。ところがカラスが戻ってくる直前、トビがナマズを見つけて、かっさらってしまったのである。

トビが上昇した瞬間、ハシボソガラスがすっ飛んできた。そこでナマズを掴んだまま飛ぶトビを追いかけるのかと思いきや、まずはナマズがあったはずの場所に着地した。そして、下を向いたままキョロキョロ、ウロウロと歩き回った。ざっと数十秒はナマズを探して時間を浪費した。もちろんその間にトビは去ってしまっている。結局、そのカラスは次の採餌を始め、トビを追いかけようとはしなかった。

人間なら「自分がナマズを置いたあたりからトビが飛んだ、しかもあいつはナマズをぶら下げている、ということはあいつが盗んだ！」と判断するだろう。だが、カラスは「自分があそこにナマズを置いたことは知っている。トビが取ったところは見ていない。だから、まずは自分が置いたところを探そう」と考えているように思えた。そして、「ない、ない、ない、やっぱりない」と探してから、「ナマズはない」と記憶を上書きしたように見える。この推測が正しいかどうかはわからないが、もしこの通りなら、カラスの行動はちょっと奇妙である。

もちろん、こういった社会的なアタマというのは、カラスの中でも種によって違うだろうから、他種のカラスなら別の反応をしたかもしれない。とはいえ、私はもう1種、ハシブトガラスも観察しているが、彼らもやはり「自分が餌を置いたからそこにあるはずだ」といった妙な信念を抱いているように見える。

もっと言えば、どうやら、カラスは「他者の目に、自分の姿が見えているか」という視点を持てない。カラスにとっては、「自分から相手が見えないということは、相手からも自分が見えない」なのだ。よって、枝の陰に頭だけ隠して体が丸見えという、おマヌケな姿を晒《さら》することがある。しばらく見ているとそーっと顔を覗かせるのだが、こちらがじっと目を合わせているのに気づいて「おかしい、見えないはずなのに！」と言わんばかりに慌てる。

まあ、この辺の絶妙なおマヌケさが、カラスの魅力の一つではある。

さらに言えば、少なくともハシブトガラスは鏡像認識ができない。チンパンジー、カササギ、ハト、イカは、鏡に映っているのが別個体ではない、と理解できるようになる。チンパンジー、カササギ、ハトでは鏡に映った自分の姿を見て汚れに気づき、きれいにしようとする行動が見られる。彼らは鏡を覗いて身繕《みづくろ》いができるのだ。

ところが、ハシブトガラスときたら鏡を見た瞬間に怒り出し、くちばしで鏡を叩く。鏡に映った自分に喧嘩を売っているのだ。それどころか、山の中でカーブミラーに2度、3度と飛び蹴りをくらわせているハシブトガラスを見たこともある。このあたり、カラスの認知能力にチグハグなところがあるのか、それとも喧嘩っぱやすぎて鏡像に気づく前に全力で喧嘩を始めてしまうのか、どうもよくわからない。多分、喧嘩っぱやすぎるせいだと思うのだが、「直接質問できないので、行動を通して解釈するしかない」というのは、動物心理学の面白いところでもあり、まだるっこしいところでもある。

ハシブトガラスは頻繁に餌の隠し場所を変えるが、これは他の個体に目をつけられて盗まれないためだ。餌を隠しかけて「やっぱりやめた」と飛んで行ってしまうこともしばしばある。「隠したと見せて実は隠していない」というのは一種のフェイク、欺瞞《ぎまん》行動とも言えるのだが、考えてやっているというより、「ここにしよっかなー、やっぱりやーめた」と移り気なだけであるかもしれない。だが、少なくともワタリガラスについては、他者が見ている状況では餌の隠し変え頻度が高くなることが知られている。それどころか、「ケージの窓が開いているので誰かに見られたかもしれない」という状況でも、頻度が高くなる。「実際に誰かが見ていた」という刺激が行動を引き起こすのではなく、「窓が開いていればこっちを見ることができたはずだ、よって見られた「かもしれない」」という推論や仮定に基づいて行動が決定される、と考えるしかない。

さらに、「自分はここに隠したことを知っているが、あいつはそのことを知らない、よってあいつは正しい場所を探すことができない」という推論ができているなら、その認知能力は非常に高度である。これは「サリー・アン課題」と呼ばれるものに類似する。

「サリーとアンが遊んでいる時、サリーはボールをカゴに入れた。サリーが外に行っている間にアンがボールを箱に入れた。サリーが帰って来てボールで遊ぼうと思った時、どこを探すでしょう」

こういうのがサリー・アン課題だ。我々は「サリーはボールの隠し場所が変わったことを知らないので、カゴの中を探す」とわかる。だが、一般に4歳児くらいまでは「ボールは箱の中にあるから、箱の中を探す」と結論する。つまり「サリーと自分（あるいはアン）は別人なので視点が違う」という認識がない。

さあ困った。カラスは鏡像を認識できないようなのに、サリー・アン課題に近いものが解けるのだ（鏡像実験と隠し場所実験では対象となったカラスの種が違うが）。この辺の結果を見ていると、カラスには自他の区別がついているのか、いないのか、種によって違うのか、よくわからなくなってくるのである。

デカルトは「我思う、ゆえに我あり」と言った。ではその我とは何であるか。カラスに聞けば、また別の答えが返って来るだろうか。

いや、首を傾げて糞を落として飛び去るだけだろう。それがカラスだ。

ミステリーの中のカラス

「カラスに蹴られたい」の項の冒頭で、カラスを表紙にした本はだいたい「怖いものの象徴」にカラスを勝手に使っている！と毒づいた。では、内容にカラスが登場する作品には、どういうものがあるだろう？

まず外せないのはエドガー・アラン・ポーの「The Raven」（邦題「鴉《からす》」あるいは「大鴉」）だ。ある夜、1羽のワタリガラスが主人公のいる部屋の窓を叩く。窓を開けると入って来て、何を聞いても「Nevermore」と鳴くのである。福永武彦の名訳では「最早ない」となっているが、それ以外に「またとなけめ」「またとない」などの訳もある。このカラス、とにかく「ネバーモア」しか言わない。主人公が「故郷にあれはあるか、これはあるか、答えてくれ！」と問いかけても、無表情に「最早ない」と告げるだけである。

ポー自身によると、「喋る鳥ならオウムでもよかったのだが、カラスだと意外性がある」「黒くて不気味だから不吉な言葉を告げるのにちょうどいい」だったとか……カラスディスってんのかコラ。

生物としてのカラスと全く関係ないのはヒッチコックの映画「鳥」だ。この映画は「身の回りの普通にいる鳥が突然襲ってきたら」という恐怖を描いているが、ちょっと待った。それはあくまで、フィクションである。身の回りの普通にいる人間が突然ゾンビになって襲って来たりしないのと同様、カラスやカモメは集団で人間を襲ったりはしない。全くの濡れ衣である。

カラスが一応の活躍をしたのは山田正紀の冒険小説『火神《アグニ》を盗め』だ。偏執的な警備態勢で守られた原子力発電所に潜入する物語だが、第一に対処すべきは構内全域を監視する熱探知装置。これに対処するため、屋上で回転するセンサーに向かって飛ぶように訓練したカラスを使う。カラスはセンサーに向かって飛んでゆき、到達すると足につけたテルミット爆弾が作動、高熱でセンサーが飽和して無効化される。ただし、ここに描かれたカラスは割とアホ扱いである。失礼な、この程度ならカラスでなくても十分だ。いや、念のために申し添えるが、物語は無類に面白い。この後、主人公たちは感圧センサー、音響センサーをくぐり抜け、殺し屋と渡り合い、さらに緊急発進した戦闘機を追い返すためにレーダーを攪乱するなど、手に汗握る名作である。ただ、カラスを鳥アタマ扱いしたことだけが気に入らない。

カラスが「それらしく」活躍したのは『シートン探偵記』（柳広司）だ。アーネスト・シートンその人が探偵として活躍するのだが、ダイヤ盗難をめぐる事件にカラスが登場する。しかもシートンが『動物記』で描いたカラスの親分、その名も「銀の星」の登場である。だいたい想像がつくと思うが、盗んだダイヤをカラスが隠してしまって……という趣向。ただ、残念ながら、本来のすみかを遠く離れた任意の場所にカラスがやって来ることはない。また、カラスが常に「光り物」を持ってゆくとも限らない。

稲見一良《いつら》の生前最後の刊行作、『男は旗』にもカラスが登場する。船乗りの安楽さんの肩に止まっている、ニシコクマルガラスのチョックである。かのローレンツ博士が飼っていたカラスの子孫だという。ローレンツの『ソロモンの指環』のエピソードに忠実に、黒い布切れを手にした悪漢を攻撃するシーンもある。コクマルガラスは集団繁殖し、仲間の死骸を持っている相手、つまり捕食者を攻撃するからだ。それがカラスではなく黒い何かだったとしても、敵認定されれば同じである。

現実にカラスが犯罪に関わったこともある。石垣島から50キロほど離れたところに、波照《はてる》間《ま》島《じま》という島がある。人の住む島としては日本最南端だ。いくつか集落があり、「泡波」というまい泡盛の醸造所もある。大変のんびりしたところで、島の人もだいたいみんな顔見知りだから、犯罪なんぞまずない。

ところが、2004年に事件が起こった。観光客が商店の前に自転車を置いて買い物をしている間に荷物が荒らされ、財布が持ち去られたのである。

この「窃盗事件」で駐在さんが現場検証していたらカラスを発見。もしや？とカラスをパンでおびき寄せ、追跡して立ち回り先を捜索したら、カラスの止まった木の下に財布が落ちていたという。

もちろん、カラスは財布が欲しかったわけではない。以前から前カゴに入っている弁当やおやつを持ち去っていたのだろう。で、この時は財布を持ち去ってみたものの、食えそうもないので興味を失って捨てたのだ。

カラスをミステリーに使うには、重大な問題がある。犯罪の片棒を担がせるには、カラスはあまりにも気分屋かつ独立独歩で、不確定要素が多すぎるのだ。『ドーベルマン・ギャング』という映画では訓練したドーベルマンを犬笛で操り、銀行強盗に成功する（ただし、犯人は結局、金を手に入れられないが）。だが、カラスは絶対、そんなに従順ではない。自分の身を挺《てい》してまで人を襲うように躾《しつ》けることはできない。務まるのはせいぜい運び屋だが、ダイヤを渡せば「食えねえじゃん」と捨てるだろうし、紙幣を見ればつつき回して破るであろう。また、うまそうな餌を見つければ仕事そっちのけで食べに行ってしまい、日が暮れるとその辺で勝手に寝てしまって、戻って来さえしないだろう。カラスはおおよそ、人の役に立ちそうもないのである。だがそこがいい。

ちなみにオランダでは、ゴミを拾ってきてゴミ箱に捨てると餌が出て来る、という仕掛けを使い、カラスを働かせて街を美化しようというアイディアがある。フランスのテーマパークでは先日から実行されている。なかなか面白いが、一つ予言しておく。カラスはゴミ以外のものだろうが何だろうが、かっぱらってでも持って来てはゴミ箱に放り込み、餌を得ようとするであろう。

というわけで、カラスに何かをさせるというのは、不確定要素が多すぎて今ひとつうまくないのである。

実はミステリー作家に協力を求められたことがある。ある時、英語のメールが届いた。スパムかと思って消しかけたのだが、タイトルには「Crow」という文字がある。なに、カラスだと？

読んでみると、ティム・シモンズというイギリスのミステリー作家で、シャーロック・ホームズのパスティーシュを書いているとのこと。質問の内容は「清朝末期、隔絶されたところにいる人の元に訓練したカラスを飛ばし、その人の肩にカラスを止まらせることはできるか」というものだった。

ふむ、それは面白い。しかもホームズ氏である。私は大喜びで「ハシブトガラスは中国ではそれほど多くはないが、捕まえることも飼いならすことも可能」「カラスは人の顔を識別できる」「鳥は紫外線が見えるので、紫外線を反射するような標識を使えば、人間には区別できなくても鳥にだけ見えるターゲットに向かって飛んで行くようにすることもできるのではないか」と助言した。

このやりとりの後、1年あまりして、「出版された」という連絡が来た。読んでみたら、私の提案した「紫外線を目印にする」というアイディアがちゃんと採用されていた。

仮に私がカラス・ミステリーを執筆するならどうするか……。例えば、カラスがやたらと集まって来るので、そこに遺体があると知るとか？　いやいや、それでは今ひとつ地味だ。では、カラス研究者が観察中、カラスが食べているものに気づく。それは人間の指だった……。怖い、それ怖い。もう少しカラスが役に立ちそうな方法はないのか。

そうだ、カラスが「証言した」という例ならローレンツが書いている。飼育されていたカラスが行方不明になり、しばらくして戻ってきたことがあったという。何があったかは、カラス自身が語ってくれた。まさに地元の悪ガキの口調で「キツネ罠で獲《と》ったんや！」という言葉を覚えてきたのである。おそらく、罠にかかって極度な興奮状態にある中で、聞こえた言葉を瞬時に覚えてしまったのだろう。カラスに限らないが、動物は恐怖や興奮にかられた状態で見聞きしたものを記憶することがある。次から同じ危険を避けるのには大変便利だろうが、言ってみればこれはトラウマ、恐怖体験のフラッシュバックだ。本人は辛いに違いない。

それはともかく、こういったセリフをカラスが覚えるということはありえなくはない。どこぞの公園にはヘボ将棋を見下ろしているうちに「待った」と言うようになったカラスがいたというし、運送会社に住み着いて「バックオーライ」を覚えたカラスもいたという。ならば、犯人が飼っていたカラスが脅迫電話の文言を覚えて、「ヒトリデカネヲモッテコイ」などと喋ってしまったとか……、いやそれ裏切りじゃん。またカラスのイメージが悪くなる。

もうちょっと生物学っぽく考えるなら、誰かを待ち伏せて同じ場所に立っている人物をカラスが覚えてしまう、ということはあり得る。例えば、容疑者が何人もいる中、一人がカラスに威嚇されることに、探偵が気づいた。観察すると屋敷の裏口近くの木にカラスの巣があり、ちょうど巣立ち雛がいる。

「そういえばあの日、裏口あたりでカラスがひどく騒いでいましたわ」

「なるほど、犯人は裏口あたりで待ち伏せしていて、カラスの雛に近づいてしまったんですね。しかし犯行のためにその場を離れるわけにはいかなかった」

「なんだよ、じゃあカラスに威嚇されたから俺が犯人だっていうのか？」

「その通り、カラスは君の顔を覚えていたんだよ！　つまり事件の目撃者は、あのカラスだ！」

うん、これならなんとかなる、かもしれない。しかし、そうは言っても、相手はカラスである。

「ちょっと待てよ！　カラスに威嚇されたのは俺だけじゃないぜ！　兄さんだって頭を蹴られてたじゃないか！」

「い、いや、それは俺が去年もカラスを怒らせたからで……」

「それに運転手の前島だって、いつもカラスが威嚇してくるって言ってたろ！」

「いや坊ちゃん、それはその、私が庭を掃除している時にカラスの隠した餌も捨ててしまったので」

「そういえば郵便屋さんが帽子を被っているとカラスが怒るって言ってましたわ」

「制帽のせいで前島と間違われてるんだよ！　なんだよ、みんな威嚇されてる上に、帽子さえ被ってれば誰でも疑えるじゃないか！」

「……それもそうですな」

くらいのグダグダな展開になるであろう。

カラス・ミステリー作家への道は遠い。

深淵にして親愛なる黒

カラスといえば黒、だが考えてみれば不思議な色である。

黒はごくベーシックな色、いわば基本色だ。服でもスマホでも車でも、カラーバリエーションに黒があることは珍しくない。とりあえず黒が奇抜な色ということはないだろう。

一方で、黒には様々なイメージも付与される。例えば、フォーマルスーツに使われるように、黒は形式張った色である。普段着にも使いはするが、あまり黒いと「俺、ちょっと意識してるんだよね」感が漂う。無頓着に見えて着こなせば決まる色だ。

さらに、全身黒のコーディネートはストイックな仕事人を演出し、時にはヤバい雰囲気を醸《かも》し出す。自宅警備隊N.E.T.を見ればわかるように特殊部隊も黒いことが多いし、そもそもオタクのドレスコードも（チェックのシャツでなければ）黒である。黒スーツにサングラスはどう考えてもカタギではない。場合によっては宇宙人を取り締まる特別捜査官ということもあり得るが、深く知ってしまうと目の前で「ピカッ」とやられて記憶を失うので我々の意識には上らないであろう。

そう考えると、黒の持つ記号性というのは強力である。

さて、カラスが黒いのは常識だ。実際には、カラスの中にもイエガラス、ズキンガラス、クビワガラス、ムナジロガラスといった白／黒とか灰色／黒の種もあるのだが、基本的にだいたい黒い。この黒さと、屍肉漁《しにくあさ》りの印象が結びつき、喪服や葬式、あるいは殺し屋といった死にまつわるイメージを喚起される人は少なくないだろう。

だが、葬式＝黒となったのは、少なくとも日本では比較的最近のことである。

葬式の幔幕《まんまく》は白黒だが、かつて喪服は黒ではなかった。だいたい、ご遺体は本来、白装束だ。それを送る喪主も、明治時代までは白装束に青い裃《かみしも》をつけたりしていた。真っ白な布は汚れやすいから、普段着の色ではない。冠婚葬祭のための特別な色、ハレの色だったはずだ。

対して黒は最初に書いたように基本色で、どちらかというと普段使いの色なのである。時代劇を見ていると同心の旦那は黄八丈に黒の羽織だし、眠狂四郎は竜胆紋《りんどうもん》の黒羽二重《くろはぶたえ》の着流しである。辰巳芸者も男物の黒羽織だ。ちょいと気取っているかもしれないが、別に葬式に備えているわけではない。

白装束だったはずの日本の葬式に黒が取り入れられた理由は諸説ある。例えば、日露戦争の頃に軍人が西洋式を真似て黒の洋装で出るようになったという説。あるいは、戦争で葬式が増えたのだが白装束では貸衣装の洗濯が間に合わず、汚れが目立たないように黒にしたという説。いずれにしても明治時代以後である。

それから100年。黒＝葬式＝不吉、という感覚は日本に定着し、とばっちりを食ったかのようにカラスも不吉な色と呼ばれるようになった。明治は遠くなりにけり。

このように、元来、黒は別に不吉ではなかった。考えてみれば、学生服はたいてい黒だ。大学の卒業式でも、学長は黒マントに黒の角帽を被る。僧侶も墨染《すみぞめ》の衣である。キリスト教の聖職者も、しばしば黒服だ。第一、黒の礼服で結婚式に出るのは普通ではないか。黒とは清貧と貞節の色であり、厳粛《げんしゅく》を象徴し、深遠なる真理の色でもある。つまり真っ黒なカラスは賢者あるいは僧侶という性格を与えられてもよかったのだ。まあカラスを僧侶にした日には葬式の間に遺体をつつきそうだが。

さて。カラスは黒いが、なぜ黒いのだろう。「なぜ」には「どういうメカニズムで黒に見えるか」と「真っ黒で何が嬉しいのか」の二つの意味があるが、ここではメカニズムの方の話をしよう。

黒とは、光を吸収して反射しない状態を指す。ただし、完全に光を反射しない黒というのは、論理的にはともかく、実在するのは極めて難しい。我々が「黒」と呼んでいるのは、無限の階調からなる色合いのうち、反射の少ないものの総称だ。もっとも鳥の中には99・5％以上光を吸収してしまう、真の暗黒のように黒い羽を持ったものもある。それはフウチョウの仲間の数種で、このクラスになると体全体が一様な黒ベタに見えてしまい、立体感がわからなくなる。

カラスはそこまで黒くはない。また、羽毛の表面に光沢があるので、むしろハイライトが強く出る。

カラスに限らず、黒い色を作り出しているのは羽毛に含まれるメラニン顆粒《かりゅう》である。メラニンの量によっては色が薄く見えるが、カラスの場合はメラニンをたっぷり持っているので真っ黒に見える。メラニンを元に作られる誘導体の種類によっては、黒でなく褐色に見えることもある。つまり、褐色系の色を持った鳥（ということはおそらく大半の鳥だ）も、メラニンのお世話になっているわけだ。

カラスの羽は単純な黒ではない。羽毛1枚ずつを見れば根元は白っぽいし、表と裏でも色合いが違う。裏側はメラニン顆粒の密度が低いので、ちょっと黒が薄くて、光の当たり方によっては色あせたように見える。

また、カラスの羽毛は角度によって青や紫の光沢を帯びる。これは羽毛の表面にあるケラチン層のせいだ。ケラチンというのは人間の爪と同じ成分だが、それ以外にも鱗《うろこ》やウシの角など、動物の体表にある硬い部分によく使われる素材である。鳥の羽毛も体表にある構造なので、ケラチン層があるのはむしろ当然である。

さて、カラスのケラチン層には積層構造があり、層ごとに光を散乱させる。この散乱光が重なって干渉し合うことで、特定の波長だけが強調される。その結果がカラスのキラッと光る反射だ。このように、色素によらず、物質の構造によって色を作り出しているものを「構造色」と呼ぶ。カラスの場合、この散乱には方向性があり、特定の方向に特定の色を反射している。よって、見る角度によって青や紫に色が変わる。これが「カラスの濡れ羽色」と言われる艶《つや》の正体だ。

別に濡らしたからといって反射が強くなるわけではないのだが、水浴びして羽を整えた後、日当たりのいい枝の上に止まったカラスは確かに色艶がいい。影になる部分はあくまでも黒く、光の当たる側はハイライトで真っ白になり、首から胸、そして翼あたりは青や紫を帯びる。カラスが黒ベタなどとは、とんでもない話だ。カラスの絵を描く場合、シャドーとハイライトを大胆につけて、いっそ白黒模様に描いてしまった方がリアルに見える。

鳥の中には青い羽のものがいる。ところが、鳥類の羽毛にはわずかな例外を除いて青い色素がない。鮮やかな青に見えるのは大抵、構造色である。

ただし、構造色だけでは濃い青色を作ることができないようで、「地」としてメラニンで色をつけ、その上に構造色による青色を重ねている。よって、青い鳥を作るためにも、メラニンは必要な場合が多い。

カラス科の中にもオナガやカケスの仲間など、青い色を持った種類がある。そのような「青い鳥」もいるのになぜカラス属は黒いのか?というのは不思議な話だが、少なくとも色を作り出す生理的なメカニズムで考える限り、「メラニンと構造色の組み合わせで色を作っています」という基本は同じである。

まあそれを言い出したらだいたいの鳥が同じなのだが。

一方、なんらかの異常によって色素ができない個体もいる。全身が白くなるとは限らず、部分的に白くなる場合や、「ある程度はできるので薄く色がついている」という場合もある。全身が白いように見えても、全く色素ができないわけではなく、羽毛だけ白い場合もある。最後の例は目を見れば区別できて、目が赤ければ完全な色素欠乏である。虹彩《こうさい》の色素もないので、血管が透けて目が赤く見える。目が黒ければ、少なくとも虹彩には色素があることになる。

完全白化個体をアルビノと呼ぶが、本来は「完全な色素の欠乏」の意味なので、目が赤くない場合はアルビノとは呼ばないことになっている。なってはいるのだが、野外で鳥を見ている場合、普通はアルビノか羽毛だけの白化かを必死に識別はしない。なので、「目が赤くないのは、アルビノとは言いません！」みたいな細かいツッコミはしないことにしている（いや、そういうアルビノポリスみたいな人、いるのよ）。

時々、日本でも白いカラスが見つかることがある。私のところにも新聞社などから問い合わせが来ることもあるが、カラスの部分白化は「普通ではないが、激レアというほどでもない」といったところだ。2年に1回くらいは話を聞くからである。全身が白いとなるともう少し珍しく、過去30年で何度か聞いた、という程度だ。一般に白化個体はハシボソガラスの方が多く、ハシブトガラスは「バフ変」と呼ばれる、全身が褐色になるレベルまでのことが多い。完全白化のハシブトガラスも見つかった例はあるが、私が知っているのは1例だけだ。ハシボソは3例くらいは聞いたことがある。

ところで、「カラスも白ければもっとかわいいのに！」という意見が散見される。だがしかし。あなた、白いカラス見たことありますか？

ウィーンの動物園で飼育されていた、白いズキンガラスを見たことがある。ズキンガラスは頭と翼が黒く、あとの部分は灰色（白に近いときもある）というお洒落なツートンカラーだが、この個体は全身がほぼ真っ白だった。そして、見た瞬間の感想はこうだ。

「あんた、誰？」

よーく見ると、普通は黒色になっている部分がシナモン色というか、ごく薄い褐色である。完全に色素がないわけではなく、うっすらとメラニンはあるらしい。目は真っ赤ではないが、虹彩の色が薄いのか、赤みがかっていた。嘴はピンク色。色がないため、毛細血管が透けているからである。鳥の嘴は骨の上に角質の鞘《さや》がかぶさっていて、骨と鞘の間には生きた組織があり、血管もある。

さらに印象が違うのは、嘴の付け根であった。カラス科の鳥は上嘴の根元に、鼻孔あたりを覆う羽毛を持っている。ところが、全体に白いために、この鼻羽《びう》が目立たないのである。全体としては「色を塗り忘れたカラスのフィギュア」といった感じであった。そして、カラスのつもりで見ると、見慣れた鳥が真っ白というのは「コレジャナイ」感の方が大きかった。

第一、カラスが白いとどうにもカッコよくない。あんなのがゴミを漁っていたら、「白いくせに腹黒い奴」などと言われてやっぱり嫌われるに違いない。

さて、これを書いている自分の姿を見直すと、黒のパンツに青のシャツ、黒のジャケット、黒のスニーカーである。シャツの下は黒のTシャツ、そういえば靴下も黒い。まとめていえば、シャツ以外はとにかく黒い。これは別に黒でキメようというのではなく、秋葉原に入り浸るガチ勢《ぜい》のオタクというわけでもなく、「ファッションに興味はないが、とりあえず黒にしておけば大きく外しはしないであろう」という、単なるズボラである。

もちろん、カラス屋なんだからカラスっぽくしておくのもよかろう、カラスはカッコいいしな！という理由も、否定はしない。

カラスは飼えるか

基本、飼えない。以上。

と、これだけで原稿を終えるわけにもいかないだろう。何といっても本書のタイトルだ。少し説明しよう。

まず、日本の法律では、日本の野鳥は基本的に飼ってはいけないものとなっている。昔はウグイスやメジロやホオジロなど、飼ってもいい野鳥がたくさんあったが、今は捕まえて飼うのは禁止になった（厳密には愛玩目的の捕獲許可を出さないことにした、だが）。

日本人は昔から、小鳥を飼うのが好きだった。愛玩用にただ飼うこともあるし、歌を競わせるために飼う場合もある。ウグイスやメジロ、ホオジロのような歌のうまい鳥を持ち寄り、歌人が歌を競うようにさえずりを競わせる「鳴き合わせ」と呼ばれるゲームがあった。ヒバリは天高く舞い上がりながら鳴く鳥だが、これも籠から飛ばして高鳴きさせ、また籠に戻らせるといった技があったらしい。

これは飼育技術と動物を「仕込む」技術を極めたような大した技なのだが、一方で野鳥をどんどん捕まえて飼育用に流通させる、という意味でもある。こういった商業ベースの捕獲産業は野鳥の乱獲につながりかねない、というか、確実にそうなる、いや、実際にそうなった歴史がある。

事実、最近までメジロの密猟が後を絶たなかった。巧妙なのは、「これは正当に輸入した鳥ですよ」という許可証をつけたメジロを外国から輸入し、日本で密猟したメジロにすり替えてしまう例だ。日本産、特に屋久島などのメジロは声が良いとされているからである。その結果、日本のメジロは密猟され続ける上、用済みになった輸入メジロは野外に捨てられるので、日本にはいないはずの大陸産のチョウセンメジロが野生化している、という事態になってしまった。

かくして、「飼い鳥として指定されている鳥は捕まえて飼ってもいい」だったのが、最終的に「愛玩用の捕獲は事実上認めない」となった。飼育愛好家にとっては残念かもしれないが、そうしないと鳥への加害が大きすぎるのだ。これが、「そもそも野鳥は飼っていいのか」に関する現状の法規制である。

さて、カラスの場合はそもそも愛玩用の捕獲が認められた鳥ではない。しかし、狩猟鳥ではあるので、条件つきで捕まえることはできる。狩猟免許を持った人なら、狩猟期間中に許可された方法で捕獲することができる。免許がなくても、自分の敷地で、狩猟期間中に、特定猟法以外の狩猟方法で捕まえるのは違法ではない。特定猟法というのは免許のいる猟法、つまり罠とか銃だ。ということは、「狩猟期間中に自分の家の庭に入ってきたカラスを手づかみで獲った」などなら違法ではない。まあ、「できるものならやってみろ」レベルで難易度が高いからこそ、規制されていないのだが。

で、この獲ったカラスを飼ってもいいか？

飼ってもいいと狩猟法に明言されているわけではないが、いくつかの自治体では飼育してもよいという判断、とのことだ（ただしこの辺は解釈の問題なので、私としては責任を持った返事をしかねる）。考え方としては釣ったコイを生簀《いけす》に放してある、といったものと同じらしい。また、カラス猟の時に生きたカラスをオトリにすることもあるので、そのために飼育しておく例もあるようだ。考えてみれば、殺してもいいものを飼ってはいけないというのも変な話である。

ということで、捕獲して飼育することも、できなくはない。ただし、道具を使わずに手捕りとなると果てしなくその道は遠いし、自分に飛びかかってとっ捕まえやがった人間にカラスが簡単に懐くとも思えない。手づかみできるような距離までカラスが近づくなら、それは飼うまでもなく、とっくに「仲良し」である。これを裏切って捕まえてからもう一度慣らすのは、どう考えても不毛だ。

ただ、実際には、野生だったカラスを飼っている人は時々いる。一つは許可をとっての救護、もう一つは「違法だが、目くじら立てることもあるまい」というお目こぼしである。

許可をとっての救護としては、例えば傷病鳥の救護ボランティアがある。登録や研修が必要な場合もあるが、怪我などで救護されたものの、怪我がひどくてもう野生には戻せない野鳥を引き取って飼育する制度である。私の知り合いは片翼を切断したハシボソガラスを飼っていた。もっとも、こういった鳥はそんなにはいない。

もう一つは、その辺に落っこちて死にそうになっていた巣立ち雛や、巣の撤去に伴って殺処分される雛を見かねて、つい飼っちゃったという場合である。これは違法なのだが、まあ、その気持ちはわからんでもないので、あまり悪く言う気にはなれない。だが、くれぐれも、これを言い訳に「ウヒヒ、じゃあ拾って飼えるじゃんラッキー」などと思ってはいけない。そういうズルいことを考える人には、カラスと私の呪いが降りかかる。呪いの詳細を記すことは差し控えるが、ゆめゆめ、そんなことを考えないように。一つだけ言っておきたいのは、野鳥を捕らえて閉じ込めて手元に置こうというのは、それがどんなに魅力的に思えても、やはりどこか歪《ゆが》んだ愛情でもあるのではないか、ということだ。まあ、愛情とはそういうものかもしれないが。

それでもカラスを飼いたいという人に、さらに告げよう。私が知る限り、カラスを飼うのはとんでもない大ごとである。

まず、カラスは大きい。ハシブトガラスなら全長56センチ、そこにいるだけでわりと邪魔だ。小型犬か猫くらいのサイズ感と言ってもいい。

なんだ、それなら部屋飼いが普通じゃないの、なんて思ってはならない。相手は鳥だ。3Dで動けるのである。好き勝手なところに飛び乗ってくるし、目の前をバタバタと飛ぶし、突然バサバサと飛び降りてくる。体重800グラムにもなる鳥を支える羽ばたきは強烈だ。500ミリリットルのペットボトルより重いものを浮かせる「風」というものが想像できるだろうか？　舞い降りた瞬間、周囲にあるものは全て吹っ飛ぶ。ハガキ、写真、書類、請求書……身近にある紙モノは案外多いが、これが全て吹っ飛ぶ。

そして、カラスはいたずら好きである。彼らは気になるものは全て、つつく。とにかく、つつく。そしてぶっ壊す。それから、持って行って隠す。ある知り合い（いろんな意味でとんがった人で、ついでに女王様である）はカラスを飼育していた時、マンションの一室をカラスに与えた、と言っていた。でないと置いてある全てのものをバラバラにされてしまうからである。それも、壊してほしくないものから真っ先に狙いすまして壊す（この辺は猫と同じだ）。うっかり携帯を置き忘れて外出し、帰って来たらカタログ写真みたいにバラバラに分解されていたこともあったという。外出する前にケージに閉じ込めたはずだったそうだが、なんの、カラスが執拗につつきまわせば、ケージの留め金を外すくらい朝飯前なのである。針金で止めておいてもダメだ。それくらいは器用にほどいてしまう。何せ、捕獲して巾着《きんちゃく》袋《ぶくろ》に入れて口を縛っておいても、袋の内側からゴソゴソやって隙間を広げ、最後は紐をほどいて抜け出して来るのである。なお、これは「やり方を知っている」のではない。カラスは絶望的にしつこいので、執拗につつき回していればそのうち留め金は外れ、結び目も解ける、という理由である。

餌も要注意だ。もちろん、十分なタンパク質とビタミンとミネラルが必要なのは言うまでもないが、それに加えて、カラスはご馳走を貯食する鳥である。機嫌よく食べるからとあれこれ与えていると、ある日、部屋の一角から異臭がすることに気づくであろう。そこには腐りかけた（あるいはすでに腐った）ドッグフード、ソーセージ、パンなどが押し込まれているはずである。

そのくせ、飼われているカラスは死ぬほどヘタレである。大概は飼い主にべったりで、知らない人間にはひどく人見知りする。SNSなどで使っている私のプロフィール写真は、とある研究機関で飼育されていたカラスを腕に乗せているのだが、これほど人見知りしない「手乗りガラス」は珍しいのである。このカラス（若いオスだった）は研究にはあまり協力的でなかったそうだが、「広報宣伝部長」として大いに役に立っていたらしい。この写真を撮ってもらっている間も、私の肩に乗っかって機嫌よく髪をひっぱっていた。胸を撫でようとしたらカプッと噛まれた。甘噛みだったので大丈夫だろうと思い、もう一回触っていたら、足をヒョイと上げて私の指をガキッと摑み、それからガジガジ噛まれた。案内してくれた人に「そろそろ本気ですよ」と言われたので、さすがにもうやめておいた。だが、これは本当に例外である。他のカラスたちは見知らぬ人間が近づくと「知らない奴が来たー！」と大騒ぎしたから間違いない。何かあると飼い主の陰に隠れて、顔だけ出して見ていたりする。

前述の女王様がイタズラしたカラスをベランダに放り出して窓を閉めたところ、もうパニックを起こして「ごめんなさいごめんなさい入れてください怖いよう」状態だったらしい。以後、カラスが何かやらかすとベランダの方を指差して「出すよ？」とひと睨みするだけでシュンとしていた、とのこと。こういう飼育個体にとって部屋の外は全く見知らぬ異界であり、「広い世界に羽ばたいて行こう」などとは思わないらしいのである。別の知り合いの、半ば放し飼いしていた例でも、庭から外へ出てしまっても塀のすぐ外でうずくまってプルプル震えていたりして、即刻連れ戻せたらしい。

もっとも、時には二度と戻らないこともある。自発的に自立したのか、パニクって飛び回るうちに帰れなくなってしまったのか、それはわからない。

現在、アフリカ産のムナジロガラスが輸入されてペットショップで売られていることがある。ただ、売っているからとホイホイ飼育してよいものかどうかは、よく考えてほしい。カラスを飼うのはここに書いたように大ごとだし、おまけに大型のカラスなら40年以上も生きることがあるのだ。今、私がカラスを飼いだしたとすると、少なからぬ確率で私の方が先に死ぬ。あと、そのムナジロガラスがどういう経緯でそこにいるのかも、ちょっと考えてほしい。まっとうな方法であれば良いが、ペット「市場」がどれほど悪辣《あくらつ》になれるものか、パピーミル（子犬工場）などを考えればわかるだろう。申し訳ないが、私はそこまで人間のやることを信用していない。実際、何年か前に台湾でハシブトガラスの雛の密猟が摘発されたことがある。台湾の知り合いによると、おそらくペット用だろう、とのことだった。

動物を飼うことが悪いとは言わない。しかし、そこに金が絡んだ瞬間、物陰に悪魔が蠢《うごめ》いているのは、よくあることだ。

そして最後に、飼っていたカラスが死んでしまった場合。カラスロスは大変重症であるらしい。それはそうだろう。手のかかるヤンチャないたずらっ子、そのくせ何かあるとすぐ逃げてくるヘタレ、そして「ねえねえ頭かいて」と甘えてくる子が、突然いなくなるのだ。

だから、うっかりカラスを飼ってはいけないのである。

そして、カラスの悪だくみ

さて、この本もこれで最後である。1年間の連載時のタイトルは『カラスの悪だくみ』だったが、私のスタンスはむしろ「カラスは悪だくみなんかしねえよ」であった。

もちろん、カラスが洞察力を発揮することは、実験的に確かめられている。道具使用で有名なカレドニアガラスは「あの餌を手に入れるには、まずこの道具を使ってあっちの長い道具を引っ張りだし、そこで道具を持ち替えてこうやって……」と先を読む。ワタリガラスは、後で報酬が増えることがわかっていれば、目先の餌を食べずに待つこともできる。とはいえ、これらは全て、認知能力とか知能とか言われるべき能力だ。「悪だくみ」とは言わない。

カラスがゴミを散らかすのも、もちろん、悪いことをしているわけではない。「カラスは鏡を認めない」の項にも書いたが、カラスは「こういうことをしたら人間が困る」という人間社会のルールを理解していない。だから、わざと困らせることもできないはずだ。ゴミを散らかすのは、野生状態で暮らしていた時と全く同じように、スカベンジャー（自然界の掃除屋）として振る舞うからである。動物の死骸をつついているのと、ゴミ袋をつついているのは、カラスにとってはあまり違いのない行動だ。ただ、ゴミ袋には紙くずとか割り箸も混じっているので、「これ食えねーじゃん」とポイポイ捨てるのである。

さて、初夏は小鳥たちの繁殖期だが、同様にカラスにとっても繁殖期だ。そして、巣で腹を空かせている雛のためにカラスはせっせと餌を探し、時に他の鳥の卵や雛さえも狙う。

カラスという鳥は、ああ見えて捕食能力が低い。ワシ・タカといった猛禽なら、鋭く大きな爪や嘴、そして極めて高い身体能力という有効な武器を持っているのだが、カラスは体こそ大きいものの、捕食者としてはパッとしない。

ところが、卵と雛なら、カラスの能力でも仕留められるのである。逃げるのもままならない（どころか卵なんか動けない）、いたいけな雛鳥をかっさらって食ってしまおうというのは、それはまあ、嫌われもするであろう。そこは理解できる。ただし、そこで義憤に駆られた人は是非とも、逃げる気満々の、放し飼いの、成長しきったニワトリとタイマンで勝負して、カラスとは違うところを見せていただきたい。私は卑怯者なので、誰かに捕まえてさばいてもらった鶏肉をありがたく頂戴することにする。

猛禽は小鳥を捕まえて食べる。直接見たことはなくとも、写真や動画でご覧になったことはあるだろう。これらはまごうかたなき「殺し」であるが、同時に彼らのネイチャー、つまり生まれついての習性であって、別に非難されることではない。小鳥が好きな人であってもそのことはよく理解していて、（まあわざわざその現場を見たくはないかもしれないが）、猛禽が他の鳥を捕って食べることは容認している。

ところが、カラスによる捕食に対しては見方が変わる。大学生の時、他の大学の鳥好きな学生が、私のいた生物系サークルの学園祭の展示を見物にやってきた。他大学の鳥好き、しかも女子が来るなんて滅多にあることではないので、大層緊張しながらあれこれ説明した後で連絡先を聞き、後日、サークルの探鳥会に誘った。で、この人が極めて明確に、鳥好き且《か》つカラス嫌いであった。理由は「ゴミを食って増えているくせに小鳥を襲うから」である。「カラスなんかゴミ食ってりゃいいんですよ！」とまで言われたので、小一時間カラスの魅力を説こうかと思ったが、さすがにそれはやめておいた。ゴミを食ったら食ったでまた怒られるじゃないか、とも思ったが、まあそれも言わないでおいた。

もっと明確に、「カラスを1羽駆除するのは小鳥を10羽保護することだ！」と言い切ったオッサンまでいた。たしか新聞記者である。その時はさすがにニッコリ笑って「じゃあオオタカも駆除しちゃえば小鳥を１０００羽くらい保護できますね！」と言ったのだが、残念ながらその方は真意も皮肉も理解されなかったようで、「コイツ何言ってんだ？」という顔でポカーンとこちらを見るばかりであった。

いや、これは別に逆張りで炎上を狙おうとかいうのではない。カラスが小鳥を食べるのが悪いなら、カラス以上に小鳥（や中鳥）を食べているオオタカはなぜ許されるのか。カラスはゴミを食べる一方で小鳥も食べるから？　そんな、食性の幅広さを責めても仕方ないではないか。

カラスはたくさんいるから？　だが、街なかに小鳥が少ない最大の理由は、カラスが捕食するからではない。そもそも市街地は、小鳥にとってそれほど住みやすい環境ではない。植物も昆虫も草原や森林より少ないに決まっているから、種子や果実や昆虫を餌にする小鳥にとっては餌不足になりがちだろう。一方、カラスは他の動物の食べ残しを片付けるスカベンジャーである。人間という大型動物が食べ残しをゴミ袋に入れて路上に出してくれる限り、餌には困らない。

これは「環境によって住みやすい鳥と住みにくい鳥がいる」という、ごくごく当たり前な話である。しかも、その環境を作っているのは人間ではないか。

人間は小鳥の住みにくい街を作り、一方でカラスの餌条件を整え、それでいて「数少ない小鳥をカラスが食べてしまうからイケナイのだ！」と言い出す。ところが、都市部に（小鳥を餌とするはずの）猛禽が現れると「都市に自然が戻ってきた」と喜ぶのだ。

どうも人間には「ゴミは人工物だから、それを食べてカラスが増えるのは自然ではない」という思い込みがあるようだ。だが、それならツバメはどうなのだろう。彼らは世界中どこでも、ほとんど建築物にしか営巣していない。自然物に営巣するツバメというのはごく少数で、見つかったら論文になるレベルである。ちなみにアメリカとロシアでそういう個体群が見つかっており、洞窟の壁面に営巣している。建物の壁は、どうやら洞窟の代用品だったようだ。洞窟はやたらにあるものではないから、今や豊富にある建築物に営巣するようになったわけだ。だが、人工物を利用するツバメは自然ではない、あんなのはダメだという議論は、寡聞《かぶん》にして知らない。

実際、都市部に生きている鳥の大半は、人工的な環境を利用しながら生きている。

例えばドバトはプラットホームの屋根やビルのベランダで繁殖していることがよくあるが、あれは決して「都会には樹がないから仕方なく」ではない。ドバトの先祖は西アジアから中近東、地中海沿岸あたりが原産のカワラバトだが、それを人間が飼いならして家禽として広まり、後に世界各地で野生化した。その繁殖習性は、ご先祖様であったカワラバトの時代から受け継がれている。そう、彼らの故郷は乾燥地でロクに森などなく、それどころか樹がある保証もなくて、切り立った断崖のちょっとした段差や割れ目に営巣してきたのである。そんな彼らにとって、ビルや駅舎は四角い岩山も同然で、そこにある隙間やテラスは当然、営巣に適した場所とみなされる。

全く同じように、スズメやムクドリはもともと樹のウロに営巣していたが、今では市街地で戸袋や換気口にも営巣するようになった。人工物に依存するのが「不自然」ならば、こういった鳥も全て不自然な生活をしている。ところが、なぜか小鳥の場合は「住むところがなくてかわいそうに」と言われたり、「新しい住処《すみか》を見つけるなんてお利口だ」と言ってもらえたりする。カラスの場合は、せいぜいが「悪賢い」どまりだ。

やっぱりカラスって、いじめられてない？

もちろん、人間の支配下にある都市の環境をどうするかは、人間自身にその決定が委ねられている。ツバメとスズメとメジロはかわいい、カラスはかわいくない。かわいい小鳥が大事だからカラスは駆除してしまえ。猛禽は大自然の象徴だし、捕食性だから小鳥を食べても構わない。人間がゴミを出すのは当然だが、それを利用してカラスが増えるのは不自然だから許さん。そう決定することも、人間にはできる。

ただ、そこで「ん？　自分は今、なんかひどいこと言ってないか？」と思い返す程度の余裕は、持っておいても罰は当たるまい。

とはいえ、カラスがゴミを荒らすのが迷惑なら、追っ払ったっていいのだ。毎朝「あいつらゴミは散らかすし、真っ黒で汚いし、何の役にも立たないし、ぜんぶ駆除しちまえ！」などと呪詛《じゅそ》を撒き散らすのは、何よりも精神衛生上よろしくない。そのような負の感情は人間の精神からゆとりと潤いを失わせる。それでは良い仕事もできない。それなら、カラスを追い払う方がまだいい。

カラスを追い払うのに、音楽ＣＤやらカラスの模型やらをぶら下げてもあまり役に立たない。一番効果的なのは、その場に人間がいて、カラスに目を向けていることだ。カラスは自分を見ているものや、自分の動きに反応するものに敏感である。人間のような大きな動物が自分を追って視線を動かしている場合、「自分は狙われている」と判断する。カラスに挨拶していたらゴミを荒らされなくなったという話があるが、あれは多分、「うわ、こいつ毎朝俺の方を見てやがる」と警戒したせいだろう。

そういうわけで、何日かじっと、カラスを見続けてみよう。カラスの方は、横目でチラチラとあなたの動きを窺《うかが》いながら、電柱に止まって羽づくろいをしたり、ペアで仲良く並んで止まっていたりするだろう。そのうち、どこかから貯食を取り出して食べ始めたり、メスに求愛給餌したり、そういうこともやるだろう。巣作りしたり、雛にかいがいしく餌を運んだり、それ以外にも、思いもよらない光景をいろいろと見せることがあるはずだ。

その結果、カラスがだんだんかわいく見えてきたとしても、別におかしなことではない。人間には単純接触効果という反応があり、繰り返し経験する刺激を次第に快いと感じるようになる。きっとそのせいだ。勘違いしないでよね、別にカラスが気になるとか、そんな理由じゃないんだから！

いずれにせよ、そこまでカラスを見慣れた頃には、「カラスなんか害虫と同じだ、全部駆除しちまえ」といった感情は、なくなっているはずだ。ひょっとしたら、「カラスも必死に生きてるんだから、まあちょっとくらいは仕方ないよね」とさえ思っているかもしれない。どちらにしても、あなたのイライラは解消され、事態は好転しているわけだ。つまり、ゴミの食い荒らしを防ぐためにカラスを観察するのは、街の美観と、あなたの精神衛生を保つために、非常に有意義である。騙されたと思って明朝からでも試してみてほしい。その結果、あなたが少しばかりカラスに対してフレンドリーになり、結果としてお目こぼし頂いたカラスが一口や二口、餌にありついたとしても、それは単なる偶然、ちょっとした副産物というものである。

カラスは悪だくみなどしない。全ては野生動物としての自然な行動だ。

ただし、飛ばないカラスである私については、その限りではないかもしれない。

小さい時から動物好きで、いつも動物ばかり見ている。中でも私のイチ押しはカラスだ。「カラスって面白い」と思ったのは子供の頃、40年以上前だ。それからしばらくは特に気にしていなかったが、大学生の時にカラスにハマり、以後、25年ばかりカラス漬けである。卒業研究でカラスをやり、大学院では動物行動学研究室に入って修士課程でカラスをやり、博士課程でも続けてカラスをやって、とうとうカラスで学位を取得したが、残念ながらカラスでは食えない。というかカラスでなくても、動物行動学は食えない。オーバードクターの研究員で置いてもらっていたがその身分も切れるというところで、奇跡的に東京の博物館が拾ってくれた。ということで、普段は博物館に勤め、その傍《かたわら》でカラスの観察、という生活を送っている。

　この企画の始まりは千駄木あたりの居酒屋だった。古い蔵を改装したような、なかなか雰囲気のある店に、前にちょっとお会いしたことのある新潮社のAさんが招いてくださったのである。お誘いのメールには「なにかできないかなーと考えているので」という、フワッとした内容しか書いていなかった。この時はAさん、同じく編集のA'さんとあれこれ話をしながら酒を頂いて、ほろ酔い加減で楽しく過ごさせて頂いたのだが、結局なんだったのかは全くわからなかった。

いや、今はわかる。彼らはずっと観察していたのだ。私がカラスを見ているように。

それから半年ほどして、1月にまたお誘いを頂いた。今度はこれまた民家風のイタリアンだった。ピクルスや鶏レバーパテを肴《さかな》にビールを頂きつつ、とりとめもなくいろんな話をした。残っていたピクルスを3人で分け、遠慮のカタマリと化していたレバーパテも頂いた。Aさんには「鳥の研究者は鶏食べないんですか」なんて聞かれたが、そんなことはない。カラスは雑食で肉が大好きだし、その「肉」には鳥も含まれる。自力で襲って食べるには能力が足りないので、だいたいは死んでいる鳥を拾って食べているが。それはともかく、ガラスのハートならぬカラスのハートを持ったカラス研究者も、もちろん鳥を食べる。

そしてカラスはスカベンジャー、つまり自然界の掃除屋で、捕食者の食べ残しを片付ける生き物でもある。カラス研究者はレバーパテを見つめながら「誰も食べないの？　食べていい？」と機会を窺っていたのであった。

さて、ワインを頼んだあたりで、Aさんはヒョイとプリントアウトを取り出した。

「さっそくですが企画の話を」

受け取ったプリントには、ずらりと章立てが並んでいた。序章がカラスの紹介。次がサル……。ああ、屋久島の話、したっけ。え？　なんでこれ知ってんの？　宗教と鶏……。こんな話までメモってたの？　フクロウ？　えええええ？　こんな話もしたっけ？

今さら手遅れだが、わかったことがある。編集者はそもそも話題が幅広いが、大変な聞き上手、語らせ上手でもあるということだ。そして、聞いたことを全て記憶するか記録するかしている。間違っても編集者の前で「実は俺、昔……」なんて言ってはならない。気がついたら根掘り葉掘り聞き出され、記憶の彼方に沈めてしまいたい黒歴史がいつの間にか白日の下に晒されるのみならず、企画書にされているに違いない。

Aさんはニコニコ笑いながら続けた。

「今回は連載でいこうかと」

ちょっと待ったぁ！　連載ってあの、漫画家が死にそうになってるあれでしょ？　よく見たら月2回程度とか書いてある。いやそれ隔週じゃないですか！

「どうしましょう、3月くらいから載せられたらいいなーと思ってるんですけど。まずは、まあ5本くらいストックがあると安心して始められるかと思ってまして」

早い。話、超早い。出会って2度目で結婚式の日取りを決めるような勢いだ。いやいやいやいや。そりゃ生ハムもチーズも、猪のラグーソースのパスタも大変結構だが。食っちゃったら断りにくいじゃないの。どうしよう。

とはいえ、もし私がこのパスタを食べ残したらこれは生ゴミとして捨てられ、店の前に出され、明日の早朝、カラスがそれをつつく。カラスは大喜びだが、結果としてカラスは恨みを買い、「ゴミを散らかす汚い奴」と蔑《さげす》まれ、害鳥の烙印《らくいん》を押され、荒野に追放されるどころか駆除されて殺処分である。そんなことをさせてはならない。私は「そうですねえ」と生返事しながらパスタを片付けた。残っていた生ハムも頂いた。うむ、生ハムはいい。分解されて遊離したアミノ酸の旨味が凝縮されている。ナッツのような香りは脂肪由来だろうか。カラスはナッツなど、木の実も大好きだ。

それにしても、1月に依頼されて3月から連載とは急な話だ。私は珍しく、はっきりと反論することにした。こういう時、だいたいは言われた通りにハイハイと書く方である。だが、いくらなんでも、展示更新や標本点検で修羅場になる時期に締め切りをぶつけるのは嫌だ。「3月スタートはちょっときついですね。3月にとりあえず何本かお試しで書けてる、くらいになりません？　そこから様子見て整える感じで」

Aさんは眠り猫のように目を福々しく細めながら、「え？　そうですかあ？」と言いつつ、この条件を飲んでくれた。当たり前だ。よく考えてみたらこれはほとんど譲歩になっていない。カラスが頭を蹴飛ばしても大怪我なんかしないのと同じく、私の反撃も、ほぼ反撃の体《てい》をなしていなかった。

気がついたら私は連載を承知していた。

そんなわけで、始まりが餌につられて一杯飲まされてなのだから、おカタい話にはなりようがない。ちょっとした雑学、あるいは酒の肴にでもなっていたのなら、著者としては幸いである。

付録——カラス情報

カラスを研究しているとカラス情報を求められることがよくある（単に自分が言いたいだけのこともある）ので、ここにまとめておこうと思う。私の把握している範囲なので、その点はご容赦を。読者の方それぞれで、独自のカラス情報を集めて深掘りしていただきたい。なお公園などの名称は通称なので詳細はご確認いただく方がよいだろう。

◎カラスが見られる場所

カラスは日本全国どこにでもいるのだが、やはり市街地の方がよく見かける。2羽で行動している場合、そこはペアの縄張りになっている可能性が高いので、一年中見ることができるはずだ。大きな公園などに行くと、繁殖していないカラスが群れている。夕方になると集まって大騒ぎするなら、そこがねぐらだ。夕方、続々と帰ってくるカラスの群れは見応えがある。東京なら明治神宮や国立科学博物館附属自然教育園が大きなねぐらである。昼間でも、その周辺でブラブラしている若いカラスの群れをよく見かける。

ゴミ漁りを見たいなら繁華街の早朝に限る。今、東京で一番ホットなのは渋谷センター街あたりだと思う。歌舞伎町も面白い。ただ、明け方の繁華街はそれなりに危険もあるのでご注意を。幸いにして私はまだからまれたことはないが（カラスに、ではありません）。

1　ねぐらの一例をあげておこう。
関東：**上野恩賜公園**（東京都台東区）／**国立科学博物館附属自然教育園**（東京都港区）／**明治神宮**（東京都渋谷区）／**武蔵一宮　氷川神社**（埼玉県さいたま市）／**金鳳山　平林禅寺**（同新座市）
関西：**山田池公園**（大阪府枚方《ひらかた》市）／**万博記念公園**（同吹田市）／**天王寺公園**（同大阪市）

2　カラスの「聖地」をあげておこう（個人の感想です）。
渋谷センター街（東京都渋谷区）／**新宿御苑**（同新宿区）／**新宿歌舞伎町**（同新宿区）／**代々木公園**（同渋谷区）

3　カラスゆかりの場所が、日本には多い。
関東：**大國魂《おおくにたま》神社**（東京都府中市）／**烏森神社**（同港区）

関西：**下鴨神社**（京都府京都市）／**八咫烏神社**《やたがらす》（奈良県宇陀市）／**熊野本宮大社**（和歌山県田辺市）／**熊野速玉大社**《はやたま》（同新宮市）／**熊野那智大社**（同東牟婁郡《ひがしむろ》）

4　**ワタリガラス**が見たい！という人にはこちら。

冬の北海道に行くことがあれば、ワタリガラスに出会うチャンスだ。ワタリガラスは全長60センチ以上にもなる巨大なカラスで、**知床や根室など道東**に多い。ただ、個体数が少ない上に広い範囲を飛び回る鳥なので、確実に見られる場所というのはない。運次第である。聞くところによると、冬の前半は漁港でこぼれた魚を拾っていることが多く、後半になると崖のあるところにいる、という。漁港の魚があてにできなくなると、崖下に落ちて死んでいるシカを目当てに集まるからだそうだ。いずれにしてもひどく警戒心の強い鳥なので、近づいてじっくり観察するのは無理。遠目にちらっとでも見えたらラッキーだと思おう。**知床なら知床自然センター**で情報収拾を。**フレペの滝やウトロあたり**はポイントだ。

5　**ミヤマガラス、コクマルガラス**が見たい！という深みにハマった方は。

広い農地があるなら、ミヤマガラスの観察スポットだ。冬に大群でやって来て黙々と落ち穂拾いをしていたら、ミヤマガラスの可能性大である。農耕地の**高圧送電線**にズラーッと止まるのもだいたいミヤマガラスだ。成鳥は嘴《くちばし》の付け根が白いのですぐわかる。若鳥はハシボソガラスと区別しにくいが、ミヤマガラスは嘴が細く、翼が長い。翼を畳んだとき、風切羽が尾羽より長く突き出しているようなら、まずミヤマガラスと思っていい。ミヤマガラスの群れの中に小さなカラスがいたら、それがコクマルガラスである。成鳥は白黒のパンダ模様なので一目でわかる。若鳥は黒いが、全長40センチほどとミヤマガラスと比べてもうんと小さいので、間違うことはないだろう。

6　アジアン・カラス・リゾートにも行ってみよう。

韓国の蔚山市《ウルサン》はミヤマガラスの集団ねぐらが冬の風物詩だ。

意外にも台湾はカラスがほとんど見られない。ハシブトガラスが分布するが、山の鳥で、街なかには出てこない。というか、日本以外でハシブトガラスが人間の近くにいる場所はほとんどないようだ。ロシアの研究者には「ウラジオストクにはいっぱいいるし、人の頭を蹴飛ばしに来る」と聞いたが、むしろ例外的である。鳥類学者が国際鳥学会のために東京に集まった時など、間近に止まったハシブトガラスをみんなで撮影していたくらいだ。あれほど大きなカラスと共存していることを、東京はもう少し誇ってもいいと思う。

東南アジアの観光地にもカラスはいる。ちょっと細身で小柄な、やはり白黒（もしくは灰色と黒）のイエガラスだ。**インドからタイ**あたりが原産だが、人為的に持ち込まれたので**クアラルンプール（マレーシア）やシンガポールの街中**にもいる。ハシブトガラスは少ない。

カラス科のカササギは韓国、中国、台湾からヨーロッパまで、ごく普通に見られる。

7　**ニシコクマルガラス、ズキンガラス**が見たい！方はヨーロッパへ。

ヨーロッパに行くと、街なかでニシコクマルガラスに出会うはずだ。ニシコクマルガラスは、日本でも見られるコクマルガラスによく似て白黒模様で小柄だが、虹彩が銀白色でちょっと目つきが鋭い。**ロシア中央部からヨーロッパ全域**に普通に分布する。**ロシア西部から北欧、ドイツ、フランス、イタリア**あたりで、ハシボソガラスに似てはいるが白黒模様のカラスがいたら、ズキンガラスである。ハシボソガラスに極めて近縁で、雑種もできる。

もしイギリスに行くことがあれば、ぜひ**ロンドン塔**を訪ねてほしい。6羽のワタリガラスが飼われている。「ロンドン塔からカラスが去る時、王家に災いがふりかかる」という占星術師のお告げにより、国王チャールズ2世（在位1660―1685）が法令を定めたからである。

カラスの世話係は**レイブンマスター**と呼ばれており、ロンドン塔の衛兵から選抜されたエリートだ。ただし、カラスたちは飼われているとはいえ、人に馴れすぎないようにしているため、あまり近づくと嚙まれるそうである。

◎カラス本、本文中でもいくつかご紹介したが、結構ある。

1　実用書（でもないか）篇

『カラスはどれほど賢いか』（唐沢孝一、中公文庫）これぞ元祖カラス本にしてスタンダード。私が研究を始めた頃は、カラスについての本というとこれしかなかった。また、おそらく一番売れた（そして今も売れている）カラス本でもある。

『カラスの自然史』（樋口広芳・黒沢令子編著、北海道大学出版会）これは完全な学術本。カラスの進化、行動、知能、生態系サービスなどを、各分野の専門家が執筆している。カラス「学」の嚆矢《こうし》である。

『謎のカラスを追う――頭骨とDNAが語るカラス10万年史』（中村純夫、築地書館）中村純夫さんは高校教師のかたわら、カラスのねぐらの研究を続けた後、日本からロシアにかけてのハシブトガラスの分類という難題に取り組んだ。その調査旅行と研究の顚末《てんまつ》を描いた本である。カラスをめぐるフィールドワークという点であまり例のない本だ。

『カラスのジョーシキってなんだ?』（柴田佳秀、子どもの未来社）

『わたしのカラス研究』（柴田佳秀、さえら書房）映像制作の仕事をしておられた著者の柴田さん。番組を作ったのがカラスにハマったきっかけだったという。その時の番組には私も一瞬、登場している。カレドニアガラスのフックツールの使い方を解明したのも柴田さんの撮影班で、ギャビン・ハント博士との共著論文もある。ツボを押さえて読みやすい好著。

『うち、カラスいるんだけど来る？　カラスの生態完全読本』（柴田佳秀監修、中川学イラスト、実業之日本社）カラスの説明と冴えない男の人生漫画が同時進行。

『カラスはなぜ東京が好きなのか』（松田道生、平凡社）長年にわたる観察と経験を生かした著書。カラスの死骸についての調査と考察が面白い。

『カラスを盗め』（吉田浩、ＫＫベストセラーズ）カラスに学ぶ人生訓。

『なんでそうなの　札幌のカラス』（中村眞樹子、北海道新聞社）著者はＮＰＯ法人「札幌カラス研究会」の代表。ほぼ毎日観察したという経験を生かして、カラスの日常を描き出している。それだけでなく「カラス問題」については、札幌のカラスの守り神みたいな人。続編の**『なるほどそうだね　札幌のカラス②』**もある。

『カラスと人の巣づくり協定』（後藤三千代、築地書館）電柱営巣の問題と解決に取り組んだ内容。「共存」を考える上で参考になるだろう。

『カラス学のすすめ』（杉田昭栄、緑書房）著者は生理学が専門なので、カラスの生理機能や筋肉など、カラスの中身に関する情報が詳しい。

『カラス、どこが悪い?!』（樋口広芳・森下英美子、小学館文庫）

『やたら・カラス』（ひろかわさえこ、あかね書房）絵本だが、内容は極めて正確である。

2　物語篇

『男は旗』（稲見一良、新潮社）
『シートン動物記』（アーネスト・トムソン・シートン、各社）
『シートン探偵記』（柳広司、文春文庫）
『リトル・クロウは舞いおりた』（マーク・T・サリヴァン、文春文庫）
『北極カラスの物語』（C・W・ニコル、講談社文庫）
『バベル九朔』（万城目学、角川文庫）
『烏に単は似合わない』『烏は主を選ばない』『黄金の烏』『空棺の烏』『弥栄の烏』『玉依姫』（阿部智里、文春文庫）
『空色勾玉』（荻原規子、徳間文庫）
『櫻子さんの足下には死体が埋まっている　八月のまぼろし』（太田紫織、角川文庫）
『枯葉色グッドバイ』（樋口有介、文春文庫）
『片思いレシピ』（樋口有介、創元推理文庫）
『ドリトル先生と秘密の湖』（ヒュー・ロフティング、岩波少年文庫）
『のどか森の動物会議』（B・ロルンゼン、童話館出版）
『プリニウス』（ヤマザキマリ、とり・みき、新潮社）フェニキア人の子供が連れているカラスのフテラ、とってもお利口。一つだけ苦言を呈すると、描かれた雛の頃のフテラは、どう見てもカラスの雛ではない。

『エンジェル・ハート』（北条司、徳間書店）多分に私の趣味だが、是非紹介したかった。1985年から1991年まで連載された、著者の代表作『シティーハンター』は新宿が舞台にも関わらず、ほとんど現実のカラスが登場しない。だが、2001年に連載が始まった『エンジェル・ハート』では、第1話から早朝の新宿にカラスが描かれている。朝の風景としてカラスが認知されていった過程を考えると興味深い。2ndシーズンにはカラスだけを友達に引きこもっている少女も登場するが、重傷を負いながらも少女を助けようとするハシブトガラスのトビヲ君がもう、けなげすぎて……。

『動物のお医者さん』（佐々木倫子、白泉社）漆原教授との大バトルが2度。

『大日本天狗党絵詞』（黒田硫黄、講談社）やっぱりカラスはトンビが苦手（笑）。

『カラスのいとし京都めし』（魚田南、祥伝社）

『カラス飼っちゃいました』（犬養ヒロ、ぶんか社）

『からすの課長さまっ！』（チドリアシ、イースト・プレス）まさかのカラスBL本。

3　専門誌もあるのだった（詳細はホームページなどご参照ください）。

『CROW'S』（カラス友の会）

4　映画にも結構登場するのであった（カッコ内は製作年と監督）。
『猫の恩返し』（2002年、森田宏幸）
『101』（1996年、スティーブン・ヘレク）
『大きな鳥と小さな鳥』（1966年、ピエル・パオロ・パゾリーニ）
『劇場版・機動警察パトレイバー』（1989年、押井守）
『クロウ／飛翔伝説』（1994年、アレックス・プロヤス）
『マトリックス』（1999年、ウォシャウスキー兄弟）
『鳥』（1963年、アルフレッド・ヒッチコック）
『バイオハザードⅢ』（2007年、ラッセル・マルケイ）

5　歌詞にカラスが登場する歌はこちら（カッコ内は歌手名）。
『七つの子』『夕焼け小焼け』（童謡）
『カラス』（長渕剛）
『カラス』（湘南乃風）
『カラス』（ONE OK ROCK）
『カラスの女房』（中澤裕子／堀内孝雄）
『恋』（星野源）

松原 始（まつばら・はじめ）
1969年奈良県生まれ。京都大学理学部卒業、同大学院理学研究科博士課程修了。
専門は動物行動学。東京大学総合研究博物館・特任准教授。
研究テーマはカラスの行動と進化。
著書に『カラスの教科書』ほか。カラスを食ったことはあるが、飼ったことはない。

カラスは飼《か》えるか

2020年3月20日　発行
2020年6月15日　2刷

著者　松原《まつばら》 始《はじめ》

発行者　佐藤隆信
発行所　株式会社新潮社
〒162-8711　東京都新宿区矢来町71
電話（編集部）03-3266-5411（読者係）03-3266-5111
https://www.shinchosha.co.jp
印刷所　錦明印刷株式会社
製本所　株式会社大進堂

乱丁・落丁本は、ご面倒ですが小社読者係宛お送り下さい。
送料小社負担にてお取替えいたします。

ISBN978-4-10-353251-4　C0045
価格はカバーに表示してあります。